博碩文化

快速入門職場辦公室軟體，輕鬆掌握高效秘訣！

U0095946

即學即用！
精選30招辦公室
超高效AI生產術

使用ChatGPT × Copilot × Word × Excel × Gamma，從AI小白躍升職場霸主

陳冠霖（Brian Chen）著

專業助手幫你提升工作效率

迅速產出精美文案・簡報・試算表

提升工作效率
由專業 ChatGPT
協助完成工作

眾多工具選擇
讓更多專業 AI
幫你精準完成工作

實際操作範例
跟著範例操作
完整認識 ChatGPT

專精辦公軟體
專注介紹AI
在辦公職場的應用

2023
iThome鐵人賽
優選

iThome
鐵人賽

作　　者：陳冠霖（Brian Chen）
責任編輯：黃俊傑

董 事 長：曾梓翔
總 編 輯：陳錦輝

出　　版：博碩文化股份有限公司
地　　址：221 新北市汐止區新台五路一段 112 號 10 樓 A 棟
　　　　　電話 (02) 2696-2869　傳真 (02) 2696-2867

發　　行：博碩文化股份有限公司
郵撥帳號：17484299　戶名：博碩文化股份有限公司
博碩網站：http://www.drmaster.com.tw
讀者服務信箱：dr26962869@gmail.com
訂購服務專線：(02) 2696-2869 分機 238、519
（週一至週五 09:30 ～ 12:00；13:30 ～ 17:00）

版　　次：2024 年 10 月初版一刷
　　　　　2025 年 2 月初版四刷

建議零售價：新台幣 650 元
I S B N：978-626-333-970-5
律師顧問：鳴權法律事務所 陳曉鳴律師

本書如有破損或裝訂錯誤，請寄回本公司更換

國家圖書館出版品預行編目資料

即學即用！精選 30 招辦公室超高效 AI 生產術
：使用 ChatGPT x Copilot x Word x Excel
x Gamma, 從 AI 小白躍升職場霸主 / 陳冠
霖 (Brian Chen) 著 . -- 初版 . -- 新北市：博
碩文化股份有限公司，2024.10

面；　公分 . -- (iThome鐵人賽系列書)

ISBN 978-626-333-970-5(平裝)

1.CST: 電腦軟體 2.CST: 人工智慧

312.49　　　　　　　　　　113013844

Printed in Taiwan

博 碩 粉 絲 團　歡迎團體訂購，另有優惠，請洽服務專線
　　　　　　　　(02) 2696-2869 分機 238、519

序言

學會用 AI，工作不悲哀，人生變多彩

這個時代發展快速，自從有了 AI 與 ChatGPT 之後，這些應用也大幅的改變了我們的日常生活，也在逐漸重塑現代辦公環境。無論是數據分析、文書處理，還是決策支持，製作報告等，AI 都在各個領域展現其強大的潛力。

這本書提到了一些 AI 在辦公室職場上的應用，這些應用都是我實際使用過，也覺得好用的應用，希望藉由這本書的分享能夠讓 AI 成為各位讀者工作中的得力助手。

萬事起頭難，讓 AI 幫你踏出第一步

雖然我並沒有太多在職場工作的經驗，但是我在一些工作中也常常使用到辦公室職場中常用的軟體例如 Word、Excel 等，也常常需要製作簡報來應付報告。我覺得要精通一項軟體就得花費許多時間，所以在使用過 AI 後，我覺得使用 AI 來進行協作就會大幅加速工作效率。例如使用 Gamma AI 可以根據輸入大綱來製作簡報，對於製作開會用簡報、工作報告等能有相當大的幫助；使用 ChatGPT 可以生成 Excel 的公式，這可以幫助使用者不用花費大量時間學習這些公式的寫法，僅根據 GPT 生成的公式就可以達成目的。若想學習這些公式也可以透過 ChatGPT 來進一步的學習，大幅降低入門門檻，還省了查資料和閱讀資料的時間。

不過要注意！ChatGPT 給的資料有時會有誤，現階段還是建議要多加查證會比較保險！

所以，我認為在這個時代中會使用 AI 的人，才能夠優雅且迅速的處理完工作。這本書我希望能夠簡單的闡述幾種精選模型在各種不同應用中，如何使用以及能夠達成的效果。書中內文希望各位讀者看完就能夠直接實際應用於工作中，所以文章中除了介紹應用以外也會帶領讀者直接進行實作，使讀者能夠真正達到即學即用的目的。

這本書可以學到哪些知識

本書預計將會介紹各種 AI 工具在不同情境下，能夠進行的各項不同應用。本書規劃為三大篇、十個章節，三十招精選應用，希望可以解決讀者職場上及工作中常見的疑難雜症。

第一篇 AI 工具緣起介紹：這裡會著重介紹 AI 工具，例如 ChatGPT 底下各種辦公室常見應用的工具，以及 Word 協作、Excel 協作、簡報生成、翻譯工具以及一些其他相關工具。另外說明當今大部分有效率的 AI 工具基本上都需要額外付費，所以建議多嘗試不同的 AI 工具，再考慮付費使用自己認為最好用的 AI 應用。

第二篇 AI 工具於職場的各類應用：這邊會著重介紹將 ChatGPT 等 AI 工具的實際應用層面，預計會介紹各種應用，然後接著再說明這些應用分別能用甚麼 AI 工具達成，另外也會簡單介紹 Microsoft 365 Copilot（因為某些進階功能可能需要額外付費，所以可能沒那麼適合即學即用）。

第三篇 AI 工具背後的原理介紹：協作模型背後的原理，簡述 Transformer、BERT 等自然語言相關的模型，並簡單介紹 GPT 模型是如何訓練的，以及後續五花八門的模型與最一開始的 GPT 有何差異。為了使讀者更容易理解，內容並不會使用太多複雜的數學來說明。使讀者可以知道後續關於這些 AI 工具可能會如何發展。

閱讀本書的建議方式與注意事項

這本書中介紹了很多 AI 在辦公室職場中的一些相關應用，同時也精選了幾個目前還不錯用的 AI 模型。讀者在閱讀書籍之餘，除了認識在職場中未來可能會使用到的 AI 模型以外也可以實際運用看看，學習這些 AI 模型如何使用，相信累積了實際運用的經驗未來一定會派上用場！

不過目前許多完整版的 AI 模型都需要透過付費來使用，但通常會有免費試用的額度，若讀者在使用上發現還不錯的話也可以斟酌考慮啟動付費服務，有了 AI 模型不遺餘力的協助在工作上一定能夠實現效率加倍，在閱讀本書時有一些要點可以注意一下：

1. **購買本書**：如果你是在書店翻閱這本書的話，首先當然要先推薦你把這本書買下來帶回家仔細品嘗，慢慢閱讀。

2. **實際操作與應用**：這本書涵蓋許多不同的 AI 應用，各位可以根據需求去閱讀相關的章節，並且在閱讀過程中，嘗試將書中的 AI 模型和工具實際應用到自己的工作中。選擇一些工作中的具體任務，使用書中介紹的 AI 工具來完成，這樣可以加深理解和掌握。

3. **善用免費使用**：善用免費試用功能，許多 AI 工具提供免費試用的額度，利用這些免費資源來進行測試和練習。透過免費試用，你可以深入了解各種工具的功能和優勢，進而做出更明智的付費決定。

4. **參加相關社群**：加入一些與 AI 和辦公自動化相關的社群或論壇，與其他讀者和專業人士交流。透過互相分享和討論，你可以獲得更多實際的建議和靈感。

5. **結合實際需求**：根據自己工作的具體需求，選擇合適的 AI 工具和模型。**不要盲目追求新技術**，而是要考慮其實用性和適應性，確保選擇的工具能夠真正提高工作效率。

雖然本書的閱讀方式會根據不同人而有不同的安排，不過建議各位讀者能夠使用自己最舒服的方式來閱讀這本書，並希望各位讀者可以從中獲得許多知識，讓各位的工作能夠更上一層樓。

適合閱讀本書的對象

如果你符合以下特質，那代表你應該會適合閱讀這本書，非常推薦你將這本書帶回去細細品嘗，也希望你在閱讀完後能有挖到寶的感覺。若有挖到寶的感覺的話，也希望你可以多多推廣本書。

- **職場新鮮人**：剛踏入職場時，有時需要頻繁製作文件，以及構思各種類型的企劃等。而萬事起頭難，通常要將腦中所想的片段結合成一份完整的資料需要花費許多心思，能夠使用 AI 來協助各位跨越那一大步就能夠讓各位在職場上能夠更快速的入門。

- **追求高效工作的專業人士**：如果是有了一些經驗但希望透過 AI 自動化來更高效的產出，使用不同的 AI 工具來快狠準的達成相應任務時，能夠讓各位專業人士在職場上能夠更加從容喔！

- **位於領導階級的人們**：有時需要做出快速決策並高效管理團隊的領導者和管理層會需要根據人力與資源等快速組織出架構來，使用 AI 工具等就可以根據人力資源與條件來快速的組織出架構範本來。接著就可以直接使用這些架構或者根據範本來優化架構。

- **容易詞窮或者腦袋一片空白的苦主**：在辦公室中撰寫各種文件無論是電子郵件、報告、會議紀錄、提案、簡報、工作計畫等各類型的檔案時，常常會陷入腦袋一片空白或是詞窮的窘境。這時候就可以使用 AI 工具來輔助撰寫這些文件，使撰寫出來的文件足夠完整而且也能看起來不輸專業人士喔！

- **自由職業者和創意工作者**：這些職業有時也需要撰寫各式各樣的文案，例如廣告文案、宣傳標語，或是要創作插畫以及各類影像時，若能夠使用 AI 輔助也能創作出許多吸引人的結果。

- **客服和銷售專員**：客服人員通常有成千上萬則訊息要應付，使用 AI 除了協助思考回覆範本之外也能夠快速整理顧客的要點；若有在經營網拍軟體或是電商、銷售人員的職位，也能夠使用 AI 來協助撰寫吸引人的商品文案。

- **在學的國高中生、大學生們**：若你是學生，在學校會常常需要製作簡報、讀書心得、報告，雖然**不建議將所有作業交給 AI 代勞**且通常會被發現。不過使用 AI 協助撰寫報告或者提供思維的話，確實能夠大幅縮短所需時間，讓各位能夠騰出多餘時間用於發展興趣以及念書。

- 純粹只是想表達對作者的支持，因此想買這本書來收藏 XD。

目錄

PART **1**

AI 工具緣起與介紹

CHAPTER **01** **AI 工具的發展過程**

1.1 AI 工具的誕生與初期發展 1-2

1.2 機器學習與深度學習的崛起 1-2

1.3 現代 AI 工具的多樣化與智能化 1-3

CHAPTER **02** **AI 工具簡介—ChatGPT**

2.1 基本的 ChatGPT 家族 2-2

2.2 投影片簡報協作 2-4

2.3 Logo 設計 2-4

2.4 Excel 協作 2-4

CHAPTER **03** **AI 工具簡介—其他同性質模型**

3.1 GenApe AI 3-2

3.2 HIX.AI 3-4

PART **2**

AI 工具於職場的各類應用

CHAPTER **04** **ChatGPT** 在文件協作中常用的應用

4.1 註冊 ChatGPT 帳號 4-2

4.2 認識 ChatGPT 介面 4-4

4.3 第一招：基本文章生成術 4-6

4.4 第二招：廣告、產品推廣文章生成術 4-12

4.5 第三招：文章內容增長縮短術 4-14

4.6 第四招：創意點子提供術 4-17

4.7 第五招：文章標題生成術 4-20

4.8 第六招：文章摘要整理術 4-21

4.9 第七招：提問問題生成術 4-30

4.10 第八招：電子郵件協作術 4-32

4.11 第九招：外文文章翻譯術 4-37

4.12 第十招：圖片生成術 4-39

4.13 第十一招：圖片編輯術 4-42

4.14 第十二招：圖表分析術 4-46

4.15 第十三招：Word 協作術 4-49

    4.15.1 ChatGPT Word 建立文檔以及選擇模板 4-52

    4.15.2 ChatGPT Word VBA 排版 4-56

    4.15.3 ChatGPT Word VBA 其他應用 4-62

4.16 第十四招：法律合約文章協作術 4-76

4.16.1 法律合約文件撰寫 4-77

4.16.2 法律合約文件分析 4-79

CHAPTER 05 其他 AI 在文件協作中常用的應用

5.1 使用 Copilot 5-3

5.1.1 Copilot 使用方式 5-3

5.1.2 Copilot 介面介紹 5-4

5.1.3 Copilot 使用範例 5-6

5.2 使用 GenApe AI 5-9

5.2.1 GenApe AI 註冊 5-9

5.2.2 GenApe AI 功能 5-10

5.2.3 GenApe AI 範例一文字生成 5-16

5.2.4 GenApe AI 範例一圖片生成 5-19

5.3 使用 HIX.AI 5-22

5.3.1 HIX.AI 介面介紹 5-23

5.3.2 HIX.AI 範例一閱讀網頁 5-25

5.3.3 HIX.AI 介紹一文章寫作 5-26

CHAPTER 06 ChatGPT 在 Excel 中的協作應用

6.1 第十五招：Excel 公式生成術 6-3

6.2 第十六招：Excel 公式除錯術 6-8

6.2.1 使用 ChatGPT 處理不理想的結果 6-9

6.2.2 使用 ChatGPT 處理語法錯誤 6-17

6.3 第十七招：Excel 數據視覺化繪圖術 6-20

6.4 第十八招：Excel 數據分析術 6-26

6.5 第十九招：Excel VBA 生成術 6-28

    6.5.1 使用 ChatGPT Excel VBA 建立一段區間 6-28

    6.5.2 使用 ChatGPT Excel VBA 進行條件篩選 6-33

    6.5.3 使用 ChatGPT Excel VBA 來定時儲存試算表 6-38

    6.5.4 ChatGPT×Excel VBA 小結 6-43

CHAPTER **07 ChatGPT 在簡報協作中的應用**

7.1 第二十招：簡報創意發想設計術 7-3

    7.1.1 使用 ChatGPT 來生成簡報設計大綱 7-3

    7.1.2 使用 Super PPT 來生成簡報設計大綱 7-6

7.2 第二十一招：簡報演講稿生成術 7-16

CHAPTER **08 簡報協作的幾項精選工具**

8.1 第二十二招：Gamma AI 快速生成簡報術 8-2

    8.1.1 註冊與登入 8-3

    8.1.2 Gamma AI 工作主頁面 8-5

    8.1.3 使用 Gamma AI 建立簡報 8-7

8.2 第二十三招：Magic slides 影片轉換簡報術 8-15

    8.2.1 註冊與登入 8-16

    8.2.2 主要功能介紹 8-17

    8.2.3 簡易生成簡報範例 8-21

    8.2.4 Magic slides 透過 YouTube 影片生成簡報 8-26

8.3 第二十四招：MindShow 簡報生成術 8-31

CHAPTER 09 AI 協作的其他應用

9.1 第二十五招：流程圖生成術 9-2

9.2 第二十六招：網頁文章總結術 9-6

9.3 第二十七招：與 ChatGPT 對話術 9-11

9.4 第二十八招：YouTube 影片摘要術 9-15

9.5 第二十九招：網路時事追蹤術 9-18

9.6 第三十招：履歷（CV）生成術 9-22

9.7 ChatGPT 還有甚麼應用？ 9-26

PART 3

AI 工具背後的原理介紹

CHAPTER 10 Chat GPT 等大型語言模型的背後原理

10.1 機器學習與深度學習技術簡介 10-2

10.2 深度學習技術簡述 10-4

10.3 深度學習技術發展 10-6

10.4 自然語言處理技術的發展 10-8

10.5 GPT 模型的訓練方式簡述 10-10

10.6 多模態模型簡述 10-12

10.7 GPT 的未來展望 10-12

10.8 參考資料與原始論文延伸閱讀 10-13

APPENDIX A　ChatGPT 介面設定與進階應用

A-1　新增個人化設定 A-2

A-2　保存 ChatGPT 對話 A-3

A-3　使用新型的搜尋引擎：SearchGPT A-6

A-4　使用新型的推理模型：OpenAI o1 ....A-7

1

AI 工具緣起
與介紹

CHAPTER 01　　AI 工具的發展過程

CHAPTER 02　　AI 工具簡介—ChatGPT

CHAPTER 03　　AI 工具簡介—其他同性質模型

"

目前 AI 工具的發展已經足以改變人們的生活，本篇章希望
透過一些對於 AI 工具的基本發展來讓各位認識現今所使用
到的五花八門的 AI 工具的發展歷史，讓各位了解這些工具
的演化過程。

另外本篇也會介紹一些現今常用的 AI 工具，不過現在 AI 的
發展速度極快，許多 AI 工具會隨著時間慢慢演變成更強大
的模型也會被其他更優秀的 AI 模型給取代掉。所以要所有
工具都介紹完是不太可能的，讀者們若有興趣的話歡迎加入
一些線上社群以關注這些模型的發展趨勢。

這篇的內容並不會著重於描述 AI 可以做的應用，所以各位
讀者沒興趣的話也可以跳到第二篇喔！

"

AI 工具的發展過程

> 「知己知彼，百戰百勝」──
> 能夠了解 AI 的發展過程，想必在使用這些 AI 工具時才能夠更加的了
> 解這些工具的本質吧！

1.1 AI 工具的誕生與初期發展

人工智慧（Artificial Intelligence, AI）的起源基本上可以分為 4 個階段，在這 4 個階段後 AI 都達成了一段里程，為如今眾多強大的 AI 應用奠定了基礎，也發展成現今的樣貌，在生活上與工作上都給予人類很大的幫助。

1. **AI 的初始發展**：AI 發展初期是由艾倫‧圖靈提出的「圖靈測試」，用於判斷機器是否具有智能。接著一些科學家們在早期針對符號主義跟簡單的專家測試去奠定了 AI 的基礎。

2. **定義「人工智慧」名詞**：在 1956 年達特茅斯會議（Dartmouth Summer Research Project on Artificial Intelligence，又稱達特矛斯夏季人工智慧研究計劃）上，John McCarthy 等人提出「人工智慧」這一術語，象徵著 AI 研究領域的正式誕生，也為之後的科學研究開啟了一扇新的大門。

1.2 機器學習與深度學習的崛起

接著機器學習與深度學習的出現將 AI 應用提升了不只一個層次，這些應用讓人類可以針對輸入的資料進行自動化的判斷，以及針對資料進行分析預測等，讓人類的生活逐漸變得更方便。

1. **機器學習的崛起**：這段時期除了發展傳統的機器學習演算法用於處理統計上以及一些相關的問題以外，也受到了人類大腦神經元運作的啟發還開發出了最原

始的類神經網路,也就是多層感知器。以及遺傳算法等最佳化演算法用於幫助人們來尋求各類問題的最佳解。

2. **深度學習的崛起**:隨著類神經網路被提出來,用於處理影像類型的卷積神經網路以及用於處理時序資料以及語言的循環神經網路也被提出,這時期基本上 AI 網路的模型已經有了大致的架構,也有許多強大泛用的模型都是由這幾種基本的網路架構所構成。

除此之外,此時還有一些應用例如 Alpha Go 等 AI 應用在各領域中大放異彩,這些模型與應用讓世界上的人們初步得知了 AI 的能力。以及先前疫情期間的口罩偵測也是基於 AI 深度學習等技術去實現出來的。

1.3 現代 AI 工具的多樣化與智能化

隨著深度學習與類神經網路技術的發展成熟,有許多強大的模型逐漸被提出,例如之前紅極一時的圖片生成應用 Stable Diffusion,以及現在逐漸成為人類生活一部分的 ChatGPT 等。都是在現在 AI 發展時重要的里程碑。

1. **大型語言模型的發展**:在 2017 年 Transformer 模型被提出,由於其效能能夠優秀的處理文字資料,所以由此之後許多語言模型都是從此為基礎來被研發的。例如現今火紅的 ChatGPT,GPT 就是 Generative Pre-trained Transformer 的縮寫;以及在這之前的 Bidirectional Encoder Representations from Transformers(BERT)模型。從這兩個模型的完整名稱中都包含了 Transformer 就可以知道,這代表了此類型的模型基本上都是以 Transformer 為主要架構而建立的。

其他重要的 LLM 也包括但不限於:

- Google T5(2019 年):Google 開發的 T5(Text-To-Text Transfer Transformer),統一了多個 NLP 任務的框架,讓這個模型能夠處理的任務變得多元。

- RoBERTa（2019 年）：由 Facebook AI 開發，該模型對 BERT 進行了改進，並提升了性能，讓模型輸出的準確性有提升許多。

2. **圖像生成式 AI 的發展**：在 LLM 崛起前不知道各位是否還記得 Stable Diffusion 以及 Midjourney 等圖片生成的 AI，這些 AI 能夠生成使用者想要生成的圖片，對於一些創作者或者職場上的朋友們應該也提供了許多幫助。

AI 工具簡介──ChatGPT

> AI 工具千百種，尤其是 Open AI 開發的 ChatGPT 及其系列模型以及
> 眾多延伸應用，多認識幾個模型對於職場的幫助會很大。

目前隨著 ChatGPT 等模型被開發出來後，許多基於 GPT 模型改良或是類似的應用，抑或是其他不同的 AI 應用，都如雨後春筍般的冒出來。這些模型中要如何選擇因人而異，在這一章節我將會介紹一些 Open AI 公司底下常用的模型，希望可以幫助各位認識這些現今最常看到的 AI 模型。

學｜習｜目｜標

▶ 了解 ChatGPT 家族的發展史，以及認識這些模型的基本資訊。

▶ 了解 ChatGPT 常用的一些應用。

2.1 基本的 ChatGPT 家族

這個模型應該是目前最廣為人知的模型了，自從有了這個模型後無論是學生或是正在工作的人們都可以透過 GPT 模型來快速完成工作，可說是帶來劃時代的變革。GPT 從最原始的 ChatGPT 到現在使用 GPT-4o 也經過了一些變革，接下來就來看看這些模型彼此的差異吧！

- **GPT-1 & GPT-2**：GPT-1 和 GPT-2 都基於 Transformer 架構，使用自注意力機制進行語言生成。GPT-1 模型共有 1.17 億個參數、GPT-2 共有 15 億個參數，比 GPT-1 多了約 13 倍。這兩個模型都是 OpenAI 最初始的 GPT 模型，起出被用來進行自然語言處理以及生成、語意理解任務。

- **GPT-3**：這個模型的規模又比前面兩個模型大了 100 多倍，一共具備 1750 億參數，展示了強大的生成文本和多任務學習能力，應用範圍包括但不限於文本

生成（大家最常用的）、程式設計的輔助、語言翻譯等。模型大小提升 100 倍帶來的性能提升能夠讓這個模型生成的文字更加自然，也具備了強大的對話生成能力，但在上下文的連貫性等生成仍然偶爾會有問題。

- **GPT-3.5**：與 GPT-3 相似，約 1750 億個參數，但在 GPT-3 模型的基礎上還進行了微調和改進，使得生成結果更為流暢、準確。2022 年底 ChatGPT 發布時就是使用這個模型，想必當初有跟上熱潮的人都有體會到這個跨時代的發明吧，在使用過程中想必也遇到許多問題，例如邏輯錯誤、生成結果不合理等。

- **GPT-4**：為了解決 ChatGPT（GPT3.5）的問題，於是又開發了 GPT-4 模型，具體參數目前尚未公開，但是就目前資料估計 GPT-4 的參數量預計會高達 100 兆個。對於模型的文本生成能力、問答能力等都有了極大的改良，也可以處理圖片數據，根據圖片回答問題，泛用性高了很多。除此之外，似乎也擁有了一些推理能力，能夠解決更廣泛的問題。

- **GPT-4o**：最後就是近期推出的 GPT-4o 了，它在 GPT-4o 的基礎上改進了一些部分，讓模型進一步提高文本的連貫性和上下文理解能力。所以它對文本、圖像等多模態數據的理解和生成能力更強。並且在多任務處理和少量樣本學習方面進一步改進。

- **GPT-4o mini**：在 2024 年八月初的時候 ChatGPT-4o mini 正式推出，它是一個輕量版本的 GPT-4o 模型，旨在提供更高效且輕便的文本生成和理解能力。這個模型在 GPT-4o 的基礎上進行了進一步的優化，以實現更快的響應速度和更低的資源消耗，不過性能會比 ChatGPT-4o 差一點，目前免費模型也由 Chat-GPT 3.5 變成這個模型。

 筆者悄悄話

目前最新的模型是 Open AI o1 模型，不過本書定稿時之後這個模型才正式被提出，關於這部分內容會放在附錄中介紹。

2.2　投影片簡報協作

說到簡報製作，大家應該很常使用 Power Point 吧！如果是要製作一些更精美的簡報或者想加入更多小動畫時，應該也會使用 Canva 來製作簡報吧。

而 ChatGPT 底下的擴充功能也能夠幫助大家在製作簡報上提供一些設計思路以及想法，對於像我這種沒有藝術天份的人來說，有時候這些設計思路確實能夠給我很大的幫助！此外，使用 Gamma AI 等投影片製作工具可以進一步的將這些設計絲路實際轉換為簡報檔案，讓各位可以從 0 到 1 完全透過 AI 製作簡報。

2.3　Logo 設計

對於一些新創公司，或者經營網路商場以及官方帳號、自定義品牌等的朋友也能夠利用 ChatGPT 底下的 Logo 設計來協助生成屬於自己的 Logo 喔！

除了可以用於商城、品牌大頭貼之外也能夠當成屬於自己的商標，**不過在此之前希望各位要注意一下這些東西背後的法律知識**，同時也要小心生成的內容不要和已有的商標太相似而觸法，因為這些模型基本上都還是拿目前世界上現有的資料進行訓練，所以要特別注意。

2.4　Excel 協作

Excel GPT 是指在 Excel 中集成或使用 GPT 模型來輔助各種任務。這些任務可以包括公式生成、數據分析、文本生成等。透過將 GPT 的智能和 Excel 的功能結合，Excel GPT 可以顯著提高用戶的工作效率和數據處理能力，簡單的範例如圖 2-1。

可以跟我說要怎麼把A1~G5的資料進行平均並將結果顯示在A6上嗎

 當然可以！以下是如何在 Excel 中計算範圍 A1 到 G5 的平均值並將結果顯示在 A6 上的步驟：

步驟：

1. **選擇儲存格 A6**

   - 點擊選擇儲存格 A6，這是我們將顯示平均值的位置。

2. **輸入平均公式**

   - 在儲存格 A6 中輸入以下公式：

```excel
=AVERAGE(A1:G5)
```

   - 按下 `Enter` 鍵，Excel 會計算範圍 A1 到 G5 的平均值並將結果顯示在 A6 上。

詳細說明：

- `AVERAGE` 函數 用於計算指定範圍內所有數值的平均值。
- 在此示例中，`A1:G5` 表示從 A1 到 G5 的範圍，包括所有行和列中的所有數據。

圖解示範：

1. 在 A6 儲存格中輸入公式：

2. 按 `Enter` 鍵後，結果會顯示在 A6 儲存格中：

這樣就完成了！如果你還有其他問題或需要進一步的幫助，請隨時告訴我。😊

圖 2-1　Excel 公式生成以及詳細說明

Note

AI 工具簡介——
其他同性質模型

> 別一昧的只用 **ChatGPT**，多認識幾個 **AI** 能夠讓各位在應付特定任務時獲得更準確的結果！

除了使用 ChatGPT 以外，目前網路上也出現了許多其他同性質的 AI 模型可以使用，例如 GenApe AI、HIX.AI 也都還相當好用。接下來就讓我來介紹這兩個應用吧！基本上會使用這些 AI 工具就已經可以在辦公室職場中無往不利了。

原則上自從 ChatGPT 出來之後，各種不同的 AI 應用與模型都如雨後春筍般冒出來，筆者嘗試了許多模型應用，並從中精選幾個模型推薦給各位，若對於這些模型感到好奇的話，不妨再去試試看其他模型喔！

3.1   GenApe AI

GenApe AI 是筆者經過一些嘗試後，覺得相當好用的一個 AI 應用。它可以直接讓使用者挑選要使用的特定應用，不像 ChatGPT 要再使用提示（prompt）來引導它生成特定內容，雖然失去了一些靈活性，但在每個特定任務的生成結果都是令人相當滿意。基本上對於辦公室職場的大部分文字相關的應用都可以勝任，所以很適合在辦公室處理文件的人們。

◆ GenApe AI 使用方式

1. 進入 GenApe AI 的主頁面：https://www.genape.ai/zh-hant/，如圖 3-1。

圖 3-1　GenApe AI 的主頁面

2. 點選開始免費生成。

之後就會進入功能頁面如圖 3-2，從圖片中可以看到 GenApe AI 的頁面中有許多不同的功能可以供使用者使用，例如內容重寫、增長、縮短，或是單純的文章寫作、點子提供，以及文本摘要、標題思考等，具有非常多種功能可以提供給各位來達成職場上不同的工作內容。這些內容我將會在後面章節向各位詳細介紹！

圖 3-2　GenApe AI 的功能頁面

3.2 HIX.AI

HIX.AI 也是一個強大的 AI 應用，它甚至可以作為 Google 擴充程式使用，所以在閱讀網頁時都可以很方便的對網頁內容進行整理；另外看 YouTube 時也能針對影片內容進行摘要，不過經過試用發現似乎影片要有 cc 字幕才能夠進行內容摘要，在使用上要特別注意喔。

雖然 HIX.AI 好用但是它並不是免費的喔，在免費試用額度用完後就要付費才能使用了，若讀者有興趣的話在免費額度用完後可以考慮付費解鎖完整版以及存取所有權限喔。

◈ HIX.AI 使用方式

1. 進入 HIX.AI 的主頁面：https://hix.ai/tw，圖 3-3。

圖 3-3　HIX.AI 的主頁面

2. 一樣點選免費開始使用，之後可以透過 Google 或是其他電子郵件登入，登入後即可看到土畫面如圖 3-4，這部分之後也會介紹使用方法跟應用層面。

圖 3-4　HIX.AI 的功能頁面

除此之外 HIX.AI 還能夠使用 Chrome 線上應用程式商店來安裝 HIX.AI 擴充功能，使這項 AI 工具能夠更靈活的在各位瀏覽的網頁上進行互動，讓各位在工作上或者日常中能夠更方便的和 AI 進行交流！

使用 Chrome 線上應用程式商店安裝 HIX.AI 擴充功能步驟：

1. 進入 Chrome 線上應用程式商店：https://chromewebstore.google.com/?hl=zh-TW。

2. 搜尋 HIX.AI 並找到「BrowserGPT：ChatGPT-4 繁體中文版 AI Copilot」這個應用，如圖 3-5。

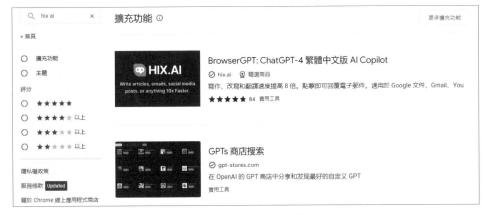

圖 3-5　Chrome 線上應用程式中的 HIX.AI

3. 點選**加到 Chrome** 之後即可新增擴充功能，接著就跟著網頁說明一步一步安裝就好了。

4. 確認一下是否有使用擴充功能，從網站瀏覽器頁面右上角點選一個長像拼圖的東西並確認 HIX.AI（名稱為 BrowserGPT:ChatGPT... 的那個）有被啟用如圖 3-6 所示就可以了。

圖 3-6　確認擴充功能是否被開啟

接著使用方式基本上在網頁中按下 Ctrl+P 就可以打開 HIX.AI 的頁面,如圖 3-7 右方欄位,之後就可以直接和 AI 對話啦。省下切換網頁的時間,在工作上會提升不少效率呢!

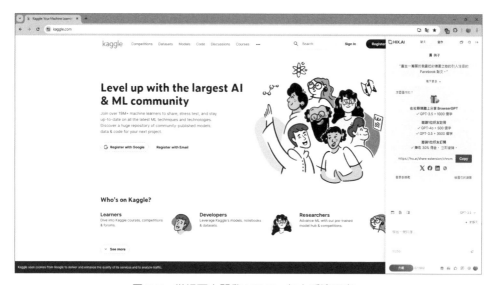

圖 3-7　從網頁中開啟 HIX.AI,如右手邊視窗。

在之後幾個章節中我也會來帶各位認識 HIX.AI 以及一些相關的使用方式喔!

> HIX.AI 的免費額度似乎相較一些 AI 工具來說會比較少,各位在使用上需要注意不要超過額度,若使用時的體驗較佳也不妨購買完整版來體驗。

Note

2

AI 工具於職場的各類應用

CHAPTER 04　ChatGPT 在文件協作中常用的應用

CHAPTER 05　其他 AI 在文件協作中常用的應用

CHAPTER 06　ChatGPT 在 Excel 中的協作應用

CHAPTER 07　ChatGPT 在簡報協作中的應用

CHAPTER 08　簡報協作的幾項精選工具

CHAPTER 09　AI 協作的其他應用

這篇我會介紹各種不同的 AI 模型在不同工作任務下的應用，例如：

- Word 中要撰寫的各類型文章內容的生成、標題生成、操作教學、VBA 程式編輯協作。
- 文章的摘要整理、文章翻譯、電子郵件協作、圖表的解讀。
- 圖片的生成，以及圖片的編輯等內容。

至於 Excel 的協作也有包含：

- Excel 公式生成、公式除錯。
- 藉由已有的數據協助使用者分析資料內容、趨勢等。
- Excel VBA 腳本編輯，程式生成與操作步驟教學生成。

還有就是也很常應用於工作、課業、報告的簡報製作了，我也會介紹 AI 在這些工具下的應用：

- 簡報大綱生成。
- 藉由生成的大綱再去生成完整簡報。
- 演講稿生成。
- 使用 YouTube 影片網址透過影片內容來生成簡報。

最後就是除了常用的辦公室軟體以外，AI 還可以在工作、日常生活其他地方做到甚麼事情——

- 各種圖表例如流程圖生成。
- 網頁文章總結重點與摘要。
- 使用語音來和 ChatGPT 對話。
- 將 YouTube 影片進行簡單扼要的重點摘要。
- 讓 ChatGPT 能夠追蹤最新的網路時事。
- 讓 AI 與使用者一起協助進行履歷製作。

事不宜遲，請各位隨我來看看這些 AI 能做到的應用吧！

ChatGPT 在文件協作中
常用的應用

● ● ●

在職場打滾總要應付許多文件，而其中常常會因為某些原因導致被退件，有了 AI 的幫助就可以快速寫出更令人滿意的結果。

前面的篇章中，我已為各位簡述了常見的 AI 應用及其發展史。在對這些 AI 有了基本認識後，接下來要帶大家看看這些 AI 能夠解決哪些問題。

這個篇章我會著重帶各位認識筆者精選的幾個 AI 模型，以及它們能夠做到什麼事情，能夠幫各位解決什麼問題。那麼話不多說，讓我們趕快開始吧！

學｜習｜目｜標

這章希望各位可以從中了解到 ChatGPT 在文件製作上與文本撰寫上能夠有什麼樣的應用。

▶ 學會註冊 ChatGPT 帳號，得要先有帳號才能享受 AI 帶來的便利性。

▶ 認識 ChatGPT 的介面。

▶ 文章生成的應用，根據命令去讓 GPT 生成符合要求的文章。

▶ 希望各位在了解到 ChatGPT 能夠達成的應用之後，能夠實際在工作中派上用場。

4.1 註冊 ChatGPT 帳號

若沒使用過 ChatGPT 相關服務的話怎麼辦？別急，首先我來帶各位註冊帳號吧！許多不同的 AI 應用基本上都要先註冊帳號，所以在本書中精選的模型我都會帶各位註冊帳號，註冊帳號後能夠使用免費額度，再使用更強的模型或者完整服務就要付費了。

1. 登入 ChatGPT 的網站 https://chatgpt.com/，可以看到像圖 4-1 的介面：

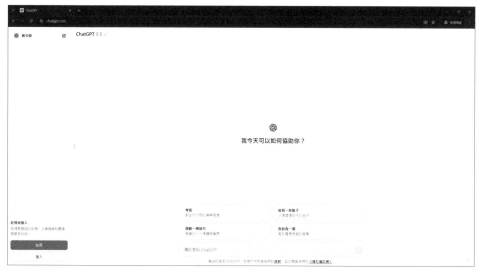

圖 4-1　ChatGPT 主頁面，由右下角即可看到綠色的註冊按鈕

這些 AI 工具更新速度快，所以可能介面會有一些差異，不過只要找的到註冊按鈕即可。

通常對於尚未登入的使用者，註冊與登入按鈕會比較顯眼以方便用戶使用。

2. 可以根據各位的情況來自由選擇要使用哪個帳號登入，若沒有 Google、Microsoft 或 Apple 帳號的話可以使用其他的電子郵件進行註冊，如圖 4-2。

請注意電子信箱是要還能正常收信的情況喔，為了驗證通常會寄信到電子信箱中，查收後根據信件說明才能完整註冊帳號。

圖 4-2　建立 ChatGPT 帳戶

3. 照著說明一步一步建立帳號即可。

4.2　認識 ChatGPT 介面

註冊完帳號之後就可以登入啦，登入之後會發現頁面就會像如圖 4-3，由圖片的標註以及以下的文字說明，各位可以更清楚的理解 ChatGPT 的基礎介面以及相關功能，可以再根據接下來介紹的應用實際去試用看看喔。

(1) 對話框：這裡是一切的起點，你可以在此和 ChatGPT 展開交談。

(2) 升級選項：如果你覺得 ChatGPT 很棒，解決了很多問題。你很喜歡的話可以從這邊進行升級，購買 ChatGPT 的完整版或者其他的付費應用（例如圖片生成）。

(3) 試用建議：當你只是想體驗 ChatGPT 的生成能力，但尚未想到聊天主題的話，可以使用這邊的建議來和 ChatGPT 進行對話。

(4) 探索 GPTs：ChatGPT 在經過許多次更新以及發展後也逐漸擁有更多專門應付某種問題的應用，在之後我會介紹一些應用給各位體驗。

(5) 聊天紀錄：當聊天過後，ChatGPT 會將聊天紀錄保留在框框的地方，若之後需要查閱內容或是繼續聊天就可以從記錄裡面找到並接續上次的聊天進度。

(6) 帳號：這裡可以設定一些用戶資料以及初步設定 ChatGPT 回覆的標準，以及管理帳戶的 GPT 應用、進行個人化設定、管理封存對話等等。

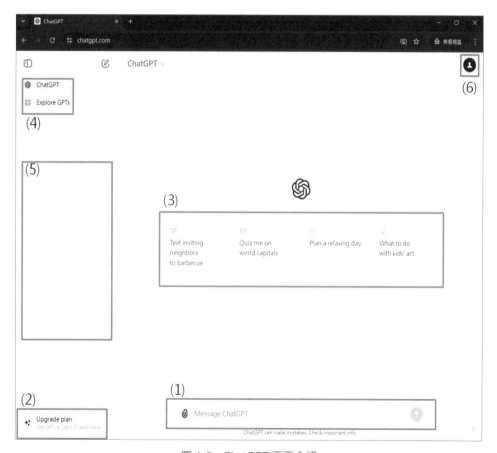

圖 4-3　ChatGPT 頁面介紹

4.3 第一招：基本文章生成術

◆ 基本文章生成

有了 ChatGPT 帳號後，我們來看看如何進行文本生成吧！

情境範例

> 今天上班，公司在經過幾個小時的開會，決定要開發一款新的懶骨頭沙發產品並上市販售。而撰寫產品企劃的重任像一顆石頭一樣重重的壓在你身上，而更可憎的是，老闆竟然要求你先將初版的企劃案寫出來，並在明天的會議上進行報告並討論。除此之外，你還被要求要在短時間內思考出懶骨頭沙發的優缺點、目標客群以及年齡層等各種面向的問題……

此時就可以跟 ChatGPT 說：我想撰寫關於新的懶骨頭沙發的產品企劃案，我希望能夠為我分析一下目前此類商品的優點與缺點以及缺點預計可以改進的方向、目標客群以及年齡、預期成本和預期收益等，並幫我根據這些架構進行條列以及撰寫出一篇約 400 字的文章。

之後就可以看到 GPT 的回覆，如圖 4-4 至圖 4-6：

🔵 Ⅰ⑨ 記憶已更新

懶骨頭沙發的產品企劃案

優點

1. **舒適性高**：懶骨頭沙發的設計符合人體工學，能夠提供極佳的支撐和舒適度。

2. **靈活性強**：輕便易移動，適合多種使用場景，如客廳、臥室、辦公室等。

3. **多樣化設計**：可選擇不同的顏色和材質，滿足不同消費者的需求和喜好。

4. **價格相對親民**：相比傳統沙發，懶骨頭沙發價格較為實惠，適合大眾消費。

缺點

1. **長時間使用可能導致變形**：使用一段時間後，懶骨頭沙發可能會失去原有形狀，舒適度降低。

2. **清潔困難**：某些材質的懶骨頭沙發不易清潔，長期使用可能會積累污垢和異味。

3. **支撐性不足**：對於需要較強支撐的人群，如老年人或有腰椎問題的人，懶骨頭沙發的支撐性可能不夠。

改進方向

1. **選用高質量填充物**：使用更耐用和回彈性更強的填充材料，以延長沙發的使用壽命和保持舒適度。

2. **可拆洗設計**：設計可拆卸的外套，便於清潔和維護，增加消費者的使用便捷性。

3. **增強支撐結構**：針對特定人群，設計內部支撐結構，提升沙發的支撐性能。

圖 4-4　ChatGPT 的回覆內文 1

目標客群

1. **年輕人**：追求個性化、時尚和舒適的生活方式，願意嘗試新鮮事物。

2. **家庭用戶**：需要多功能、靈活使用的家具，適合有孩子的家庭。

3. **學生和單身族**：居住空間較小，懶骨頭沙發可以節省空間且價格實惠。

年齡

- 18-35歲的年輕人和學生

- 25-45歲的家庭用戶

預期成本和收益

- **預期成本**：包括材料成本、生產成本、物流成本和市場營銷成本，預計每個懶骨頭沙發的成本在50-100美元之間。

- **預期收益**：根據市場調查和定價策略，零售價格設定在100-200美元之間，預計每個沙發的毛利在50-100美元之間。

圖 4-5　ChatGPT 的回覆內文 2

產品企劃案正文

懶骨頭沙發作為一款極具舒適性和靈活性的家具，逐漸受到市場的青睞。其主要優點在於設計符合人體工學，提供極佳的舒適度，並且具有較強的靈活性，適合多種使用場景。此外，多樣化的設計和親民的價格也使其成為許多消費者的首選。然而，懶骨頭沙發也存在一些不足之處，如長時間使用後可能變形、清潔困難以及支撐性不足等問題。

為了改進這些缺點，我們可以選用高質量的填充物，以延長沙發的使用壽命和保持其舒適度。同時，設計可拆卸的外套，便於清潔和維護，增加消費者的使用便捷性。此外，針對特定人群設計內部支撐結構，以提升沙發的支撐性能。

我們的目標客群主要為年輕人、家庭用戶以及學生和單身族，這些人群追求個性化、時尚和舒適的生活方式，並且居住空間有限，更適合使用懶骨頭沙發。年齡範圍集中在 18-45 歲之間，覆蓋了廣泛的消費人群。

在成本和收益方面，我們預計每個懶骨頭沙發的成本在 50-100 美元之間，而零售價格設定在 100-200 美元之間，預計每個沙發的毛利在 50-100 美元之間。通過合理的成本控制和市場營銷策略，我們相信懶骨頭沙發將在市場上取得良好的銷售表現，帶來可觀的經濟效益。

◁» ⬚ ⟳ ▽ ✦ ∨

圖 4-6　ChatGPT 的回覆內文 3

是不是很厲害啊，俗話說萬事起頭難，但現在可以**用 AI 幫你起頭**之後只需要根據這些架構草稿再慢慢去更改內容並撰寫出完整計畫就好了。在這過程中也可以持續使用 AI 工具來協助各位撰寫，所以在現在這個時代會使用 AI 工具真的會讓你在職場上的效率超級加倍！

小小題外話

目前版本 ChatGPT 會有免費使用 GPT-4o 生成的服務，當額度用盡就會變回 GPT-4o mini 生成。所以如果突然發現回覆內容感覺變弱就是 GPT-4o 額度用完啦。不過別擔心，免費額度是會補充的。

◆ 段落文章書寫

如果今天只是需要生成一個段落而已，當然可以使用 ChatGPT 來進行生成。

情境範例

在經過一天的煎熬，終於等到要下班的時間了，但你看到老闆向你走過來，心中升起一絲不祥的預感。果然，老闆想要你在明天上班前提交一份關於 Python 程式語言的介紹，但你只是一個在辦公室為了三餐溫飽而努力的小職員，對於 Python 這個程式語言根本完全沒有頭緒，加班到很晚看了很多文章還是一頭霧水，焦慮到快要爆炸了……

別擔心！在一切還沒變的糟糕之前，你可以直接求助無敵的 ChatGPT，只需要在對話視窗中輸入：請用 500 個字介紹 Python 這個程式語言，撰寫文章時請分成四個段落。接著按下送出，等待 ChatGPT 回覆即可，以下圖 4-7 是 ChatGPT 的回覆內容。

請用500個字介紹Python這個程式語言，撰寫文章時請分成四個段落。

Python是一種高層次、通用、解釋型的程式語言，於1980年代末期由荷蘭程式設計師Guido van Rossum開發。Python設計的目的是提高程式碼的可讀性和生產力，其簡潔明瞭的語法使得程式設計師可以使用較少的程式碼行數來達到相同的功能。Python支援多種程式範型，包括面向對象、命令式和函數式程式設計，並且擁有龐大的標準庫，涵蓋了網路協議、字串操作、網路服務工具和作業系統介面等眾多功能。

Python在資料科學、機器學習和人工智慧領域得到了廣泛的應用。其擁有豐富的數據處理和視覺化庫，例如NumPy、Pandas、Matplotlib和Seaborn，使得資料科學家能夠輕鬆地進行數據分析和圖表繪製。此外，TensorFlow和PyTorch等深度學習框架也使得Python在人工智慧研究和開發中成為首選語言。Python的簡潔性和可讀性也使得它成為初學者入門程式設計的理想選擇，並且在學術界和工業界都受到高度重視。

Python在網路開發方面也非常強大和靈活。Django和Flask是兩個流行的Python網路框架，前者適合於開發大型、複雜的網站，而後者則更適合於輕量級的應用和原型設計。這些框架提供了豐富的功能模組，包括數據庫操作、表單處理、用戶認證和模板引擎等，使得開發者能夠快速地構建和部署網路應用。由於Python的可移植性，它可以在Windows、MacOS和Linux等多個作業系統上運行，這進一步增強了其在網路開發中的應用範圍。

最後，Python社群的活躍和開源精神是其成功的重要原因之一。Python擁有一個龐大且多元的全球開發者社群，他們不斷地為Python語言和生態系統貢獻力量，開發和維護了大量的第三方庫和工具。PyPI（Python Package Index）是Python官方的第三方軟體庫，收錄了超過30萬個軟體包，幾乎涵蓋了所有可能的應用領域。這些資源使得Python成為一個功能強大且極具靈活性的程式語言，無論是在學術研究、企業應用還是個人項目中，都能夠提供強大的支援。

圖 4-7　ChatGPT 的段落文章書寫範例

看到這段文章之後，你驚覺的發現似乎可以根據這段文章稍微修改一下，或者可以「請」ChatGPT 協助代為修改，改完之後發現根本沒花太多時間，全部處理完之後終於可以準時下班了，灑花！

基本上各位可以根據自己的需求（或者老闆或老師對你的需求）來對 GPT 進行文字生成的指示，而各位可以看到生成後的文字底下會有五個小圖標，這五個小圖標由左至右分別為：

- **大聲朗讀**：這個功能可以讓 ChatGPT 預設的語音來朗讀他的回覆。
- **複製**：淺顯易懂，就是複製這段對話的內容。
- **重新生成**：如果生成的文章你不喜歡的話，可以~~像慣老闆~~一樣要求 ChatGPT 重新生成喔，重新生成後可以選擇重新生成的結果更好、更糟或是沒差別，這個選擇會些微影響到之後生成時的結果，ChatGPT 會盡量根據你喜愛的風格生成，並盡可能避免掉你不喜歡的風格，重新生成的結果就像圖 4-8 這樣。

Python是一種高層次、通用的程式語言，由Guido van Rossum於1989年設計，並於1991年首次發布。Python以其簡潔明瞭的語法和強大的功能，迅速在全球範圍內流行起來。與其他語言相比，Python的學習曲線較為平緩，這使得它成為初學者的理想選擇，同時也是專業開發者的強大工具。

Python的語法設計注重可讀性和簡潔性，這是其最大的特點之一。使用縮進來定義代碼塊，而非使用大括號，這使得代碼更加直觀、易於維護。Python支援多種編程範式，包括面向對象、程序式和函數式編程，這使得它適用於各類型的開發需求。無論是簡單的腳本還是複雜的大型系統，Python都能輕鬆應對。

Python擁有龐大的標準庫和豐富的第三方庫，這使得開發者可以快速實現各種功能。標準庫涵蓋了網絡協議、操作系統接口、GUI工具、數學運算等多個方面。而第三方庫更是數不勝數，如數據科學領域的NumPy、Pandas，機器學習領域的Scikit-learn，網絡開發的Django、Flask等。這些庫的存在大大提高了開發效率，減少了重複造輪子的必要性。

Python在各行各業中都有廣泛的應用，從網頁開發、數據分析到人工智慧、科學計算。由於其強大的擴展性和易於學習的特點，Python成為了許多領域的首選工具。例如，在數據科學中，Python因其強大的數據處理和視覺化能力而被廣泛使用；在網絡開發中，Django和Flask等框架使得開發高效且靈活。總的來說，Python以其獨特的優勢，成為了現代軟體開發中不可或缺的一部分。

‹ 2/2 › ◁)) ⧉ ↻ ⌄ ✦⌄

此回應較好還是較差？　　　　　　　　　　　　較好　較差　相同　✕

圖 4-8　ChatGPT 的段落文章重新生成範例

● **回應不佳**：如果你不喜歡這段回應，可以點選此按鈕並選擇原因告知 ChatGPT 的回應哪裡需要再修正如圖 4-9，這也或多或少的會影響到後續的生成方式。

圖 4-9　回應不佳的各種原因回報

● **變更模型**：目前可以選擇 GPT-4o 與 ChatGPT-4o mini 來進行生成。

另外，目前最新的模型是 OpenAI o1，若有購買完整版的話可以再使用 o1 preview 模型與 o1 mini。惟因本書最終完稿時大約是 2024 年 8 月初，所以在 OpenAI o1 推出後（2024 年 9 月中）緊急更新了部分內文，故 OpenAI o1 的部分會放在附錄介紹！

以上就是一些基本的 ChatGPT 介紹了，各位可以根據這些基本的功能嘗試看看這項服務，相信學會使用 ChatGPT 一定能為各位後續無論是工作或是生活帶來更多的便利性。接下來我將會帶各位來看看更多的 ChatGPT 應用。

小小題外話

如果生成的段落文字過長，因為 ChatGPT 會有輸出限制，所以有時候輸出到一定程度就會中斷，此時可以輸入指令：「請接續上面的文章內容繼續生成」、「請繼續」、「請繼續生成」，來對 ChatGPT 下指令讓它繼續生成文章。

4.4　第二招：廣告、產品推廣文章生成術

如果你是各種網路平台的賣家，想要為自己的產品進行推廣；或是公司職員需要和各種客戶進行接洽；或者想要進行廣告的投放，需要思索一些廣告文案時。此時就可以使用 ChatGPT 來協助生成針對特定目標受眾的文章。

情境範例

今天我想推廣我自己的書，書名為《即學即用！精選 30 招辦公室超高效 AI 生產術：使用 ChatGPT × Copilot × Word × Excel × Gamma，從 AI 小白躍升職場霸主（iThome 鐵人賽系列書）》。和編輯討論過後我們希望將目標客群定為在辦公室職場中打拼的人們，並希望可以稍微接觸到一些潛在客群例如學生等。友善的編輯希望我在下禮拜一之前提交一下推廣文章，內容要涵蓋書籍特色，而打混到前一天晚上九點的我突然意識到時間所剩不多了……

註：這只是情境範例 XD，並非真實情況。

但沒關係，此時我有 ChatGPT 的幫忙。只需要在對話框中輸入：我想撰寫自己出版的書籍**推廣文章**，書籍名稱為《即學即用！精選 30 招辦公室超高效 AI 生產術：使用 ChatGPT × Copilot × Word × Excel × Gamma，從 AI 小白躍升職場霸主（iThome 鐵人賽系列書）》，書籍的目標客群主要為辦公室職場中的人，而潛在受眾希望可以涵蓋學生和老師甚至是各行各業需要撰寫文章的人們。本書的特色為…之後輸入讓 ChatGPT 幫我思考一下推廣文案就好了，我還可以偷偷的再玩一下遊戲（誤）。不到 10 秒就可以看到推廣文案已經如圖 4-10 般閃亮亮的在螢幕上等我了。

請注意，若要生成文案推廣這類型的文章通常語氣會比較活潑，並非像上個例子介紹類型的文章般語氣嚴肅、死氣沉沉。所以在輸入指令時可以請求 ChatGPT 進行「推廣文章」的生成，語氣需要「活潑」，這些指示需要放在對話框中，進一步要求 ChatGPT 準確根據需求生成相符合的文章。**指示字數越詳細、清楚，生成的結果才會越符合要求喔！**

即學即用！精選 30 招辦公室超高效 AI 生產術——從 AI 小白躍升職場霸主

你是否正在尋找辦公室中的高效生產秘訣？是否想要在繁忙的工作中省下寶貴的時間？《即學即用！精選 30 招辦公室超高效 AI 生產術》將成為你在職場中脫穎而出的秘密武器！

這本書的目標很簡單——讓你利用 AI 工具迅速提升工作效率，並讓你的每一天變得更加輕鬆、高效。從辦公室職場中的日常需求到學生、老師乃至於各行各業的文章撰寫需求。這本書為你量身打造了一套完整的解決方案。

1. AI 工具加速工作效率

無論是文書處理、數據分析，還是簡報製作，辦公室裡的各項任務都需要花費大量時間來精通各種軟體。然而，透過 AI 的協作，你只需要輸入需求，AI 就會立即生成結果。當結果不如預期時，你還能要求 AI 進行調整，或根據 AI 提供的基礎進行快速修改。

本書將教你如何運用 AI 工具如 ChatGPT、Copilot、Word、Excel、Gamma 等，讓你能將更多精力投入到重要的工作上，而非繁瑣的細節。

2. 精選 GPT 工具及辦公室應用

你將學到如何在辦公室最常見的任務中，使用最合適的 AI 工具。本書介紹了使用 Gamma 生成簡報、利用 ChatGPT 幫助 Excel 公式生成等實用技巧。還不僅能節省時間，還能減少學習和掌握複雜技術的壓力。

我們將透過實例向你展示如何將這些工具與日常工作結合，讓你的工作變得更輕鬆、更高效。

3. 模型原理與未來趨勢

除了實際應用，了解 AI 工具背後的運作原理將讓你在未來更具競爭力。本書還將介紹 AI 模型的基本概念及其未來發展趨勢，幫助你在 AI 技術進步時保持領先，甚至能自行訓練並使用你的專屬 AI 模型。

4. 親手實作，解鎖 AI 技術

本書不僅僅是理論，它還是一本實作指南。通過系統性的流程步驟與詳細的避坑指南，我們將帶領你親手體驗這些 AI 工具，幫助你順利地將這些技術應用到實務中，避免常見問題，少走彎路。

結論

《即學即用！精選 30 招辦公室超高效 AI 生產術》是一本讓你快速掌握 AI 工具，並立即應用於工作中的實用書籍。無論你是職場老手還是剛入門的新手，都能透過這本書迅速提升效率，讓工作更加輕鬆愉快。

現在就購買這本書，讓 AI 成為你職場上的強力助手！

這篇推廣文章強調了書籍的實用性與即學即用的特點，同時也突出了讀者在工作中的實際需求。你可以依據具體需求再做進一步調整！

圖 4-10　廣告文案的生成範例

可以看到文章的風格變得比較活潑，閱讀起來不會太嚴肅。接著就可以根據這段文章再去修改啦。

 筆者悄悄話

有時候可以透過不斷按下重新生成，蒐集各種不同風格的回覆，不過當按下重新生成後舊的回覆就會不見，所以在重新生成前請記得將舊的文章儲存起來。

4.5 第三招：文章內容增長縮短術

從前一個例子中我撰寫了一個關於本書的書籍推廣文章，接著我希望能夠針對文章內容進行一些操作，希望能進一步符合我更多的要求。首先我就來介紹一下文章增長語文章縮短的一些應用吧！

◆ 文章增長

情境範例

總算是把推廣文章給寫好了，但是將原稿交出去後編輯希望可以再拉長一點內容，並且可以再提及一些能夠吸引更廣泛讀者群的部分。如果要拓展讀者群體的話感覺學生或者老師會是比較適當的吧。因為這些也是比較常寫文章或者報告的。不過即使如此我也幾乎要詞窮了，煩惱的我不得不繼續尋求 ChatGPT 的幫助了。

當對於文章生成的內容感到不滿,或是可以再改進時,就能夠接續上段對話繼續新增要求並讓 ChatGPT 修改,以此例來說我們要新增一些文字希望能吸引到學生或者老師,所以可以在對話框中輸入:接下來請根據上面的推廣文章,希望可以從學生以及老師日常使用軟體進行文件撰寫以及寫作業為出發點,將這篇推廣文章再新增兩個段落的文字。接著可以看到圖 4-11 的回覆。

以下是針對學生和老師使用軟體進行文件撰寫及寫作業的兩個新增段落:

學生與老師的最佳助手

無論是撰寫報告、準備作業,還是製作課程簡報,AI 工具可以大幅減輕學生和老師的負擔。學生們不再需要花費數小時整理資料或手動編排格式,透過 ChatGPT 等工具,他們可以快速生成報告大綱、優化內容結構,甚至自動生成 Word 文檔的標題和段落。對於老師而言,AI 可以幫助批改作業、製作課堂教材,甚至為學術論文生成初步草稿,從而節省寶貴時間,專注於更具創意和教學意義的工作。

實現學術與教學的高效結合

在教學和學習過程中,透過 AI 工具,老師與學生能夠更加緊密地合作。老師可以使用 AI 快速生成課程講義或測驗題目,而學生則可以利用 AI 協助撰寫研究報告或進行數據分析。本書中將詳細介紹如何在 Word、Excel、Gamma 等軟體中靈活運用 AI 工具,幫助學生和老師從繁重的文書工作中解脫出來,提升學習與教學的質量與效率。↓

圖 4-11　文章內容增長範例

文章增長在許多情境下都有用處,例如:學生閱讀心得、作文等作業的字數太少,此時就可以使用 ChatGPT 來增長內容。不過直接照抄生成內容我是不鼓勵的,基本上都是利用這些生成內容加上自己的想法來完成工作或者作業。這樣也才符合本書的主題也就是人類與 AI 的「協作」!

⬢ 文章縮短

情境範例

書接上回，編輯希望可以把剛剛寫的推廣文章給縮短一點，可以在廣告投放時讓看到的人一目瞭然。在一些平台上，也能藉由較短的文字來讓閱聽人在耐心歸零前能看完整篇廣告。所以我又開始頭痛了，平常要增長一段文字困難，沒想到要去蕪存菁也不容易呢！但沒關係，現在我有最強替身能幫我解決問題。

如果要縮短文字的話，建議將文章的「關鍵字」、「核心概念」以及希望縮短的「字數」給準確傳達給 ChatGPT，這樣才能有效的幫助 ChatGPT 撰寫文章喔！這個範例中我的字數給它限制在 150 字以內、核心概念著重於 **AI 協作、辦公室職場、提升工作效率、即學即用** 這四點，以下圖 4-12 就是 ChatGPT 生成的結果，精簡而又有達成我的需求！

現在我希望能夠用150個字以內將這篇推廣文章的重點給表達出來，縮短後的文章需要著重於AI協作、辦公室職場、提升工作效率、即學即用

⑯　《即學即用！精選 30 招辦公室超高效 AI 生產術》教你如何利用 AI 工具如 ChatGPT、Copilot、Word、Excel、Gamma 等提升工作效率。無論是文書處理、數據分析，還是簡報製作，這本書為辦公室職場中的人提供實用的 AI 協作技巧，幫助你快速掌握工具，專注於更重要的工作。本書還包含模型原理介紹與未來趨勢，讓你在掌握AI技術的同時，實現即學即用的高效工作體驗。

圖 4-12　文章內容縮短範例

4.6 第四招：創意點子提供術

在前面幾個例子都是已經有了一些點子，然後希望 ChatGPT 能夠將這些點子串聯起來，讓這些點子變成一個完整的文章。不過如果今天只知道主題，然後想要先從一些點子下手，此時就可以請 ChatGPT 來提供一些點子來協助各位寫作啦。或是可以藉由這些點子再請 ChatGPT 協助生成完整文章喔。

情境範例

今天上班時，正在處理一些雜事，處理到一半，叮咚，老闆傳訊息來了。大意是說要我構思一個和文件處理相關的 APP，具體細節之後開會再詳細討論，開會時希望我帶著一些點子去讓大家討論。雜事做不完的我又被這個東東給搞得雪上加霜，走投無路的我感到精神與靈魂正漸漸地抽離……

在走投無路之前你可以請 ChatGPT 來提供一些初步的點子，通常會設定請 ChatGPT **條列式地**說明**一定數量**的要點，以此為例你可以說：我想要構思一個和文件處理相關的 APP，請從各種面向給我 10 個開發的點子。

小小題外話

在以前的版本中，要讓 ChatGPT 進行條列式說明必須要清楚地說出：請用條列式說明……，才會讓 ChatGPT 以條列式來生成文字。不過現在 GPT-4o 經過大量訓練後能夠更貼近人們所想來生成文字了，真是可喜可賀。

以下圖 4-13 和圖 4-14 為 ChatGPT 的回覆內容，可以看到除了提供我們要的點子以外也有關於這些點子的說明，真的非常貼心呢！

> 我想要構思一個和文件處理相關的APP，請從各種面向給我10個開發的點子。

開發一個與文件處理相關的APP可以從以下幾個面向進行構思：

1. **智能文檔生成器：**

   - 利用AI自動生成報告、簡報、議程等文件，根據用戶提供的數據和關鍵字進行格式化和內容編寫。

2. **多格式文件轉換器：**

   - 支援將各種文件格式（如PDF、Word、Excel、PPT）互相轉換，並且保持內容和格式的完整性。

3. **協作編輯平台：**

   - 提供實時協作編輯功能，允許多位用戶同時編輯同一文件，並有版本控制和變更追蹤功能。

4. **自動摘要生成：**

   - 使用自然語言處理技術從長篇文檔中提取關鍵信息，自動生成摘要和關鍵點，幫助用戶快速掌握內容。

5. **模板管理庫：**

   - 提供各種常用的文件模板（如商務合同、會議記錄、計劃書等），並允許用戶自定義和儲存模板以便重複使用。

圖 4-13　點子提供範例 1

6. **智能校對與編輯助手**：

   - 利用AI檢查拼寫、語法錯誤，提供改進建議，並能檢測重複內容和抄襲情況，確保文件的專業性和準確性。

7. **語音轉文字功能**：

   - 支援用戶通過語音輸入快速生成文本，適用於會議記錄、訪談記錄等情境，提升文檔生成效率。

8. **數據可視化工具**：

   - 提供內嵌的數據可視化功能，讓用戶能輕鬆創建圖表、圖形和視覺化報告，並插入到文檔中。

9. **文件安全與加密**：

   - 提供文件加密、權限管理和數位簽名功能，確保文檔的安全性和機密性，適用於敏感資料處理。

10. **雲端同步與存儲**：

    - 支援雲端存儲和同步功能，讓用戶能在不同設備間無縫切換，並保證文件的隨時隨地訪問和備份。

這些點子涵蓋了文件生成、編輯、轉換、協作、安全等多個方面，能夠滿足用戶在不同場景下的文件處理需求。

◁⑴ ⑰ ⟳ ⟟ ✧∨

↓

圖 4-14　點子提供範例 2

4.7 第五招：文章標題生成術

新聞業者、部落客甚至各種電子報、雜誌等都會有許多文章，而這些文章也都會有一個聳動、引人入勝的標題，要思考出一個吸引人的標題聽起來簡單，但其中也是有很多學問存在的。而經過了九牛二虎的奮鬥，無論這些內容是你經過水深火熱而淬鍊出來的，抑或是請 ChatGPT 生成的，各位應該都需要給這些文章一個標題，讓這篇文章變得完整。

情境範例

今天我寫了一篇文章（其實是 ChatGPT 生成的哈哈），這篇文章是關於 Python 這個程式語言的介紹（詳情請看 4.3 段落文章生成）。寫完後需要思考一個標題並作為公司推廣學習用電子報的文章。

此時就可以請 ChatGPT 思考文章標題：我有一篇文章，內容如下：（這邊是你的文章）。請幫我為這篇文章想一個引人入勝的標題，希望能夠吸引對程式設計沒有概念的人，接著就可以等待 ChatGPT 生成標題了，如圖 4-15。

---

⑤　標題可以這樣寫：

「探索Python的魔力：簡單易學的程式語言，讓你輕鬆進入程式設計的世界！」

這個標題強調了Python的易學特性，並用「魔力」這個詞來吸引讀者的興趣，使得即使對程式設計沒有概念的人也會感到好奇和被吸引。

圖 4-15　文章標題生成範例

如果對於生成結果不滿意，想要再生成那種像新聞標題一樣賣關子吸引人們點閱的標題也可以再請 ChatGPT 進一步生成，也可以請 ChatGPT 生成多個標題如圖 4-16 讓使用者可以彈性的運用以及擁有更廣泛的選擇。

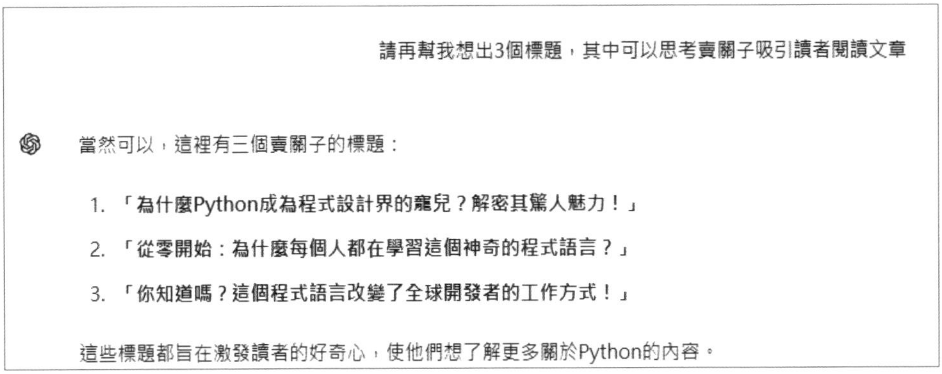

> 請再幫我想出3個標題，其中可以思考賣關子吸引讀者閱讀文章

⊛ 當然可以，這裡有三個賣關子的標題：

1. 「為什麼Python成為程式設計界的寵兒？解密其驚人魅力！」
2. 「從零開始：為什麼每個人都在學習這個神奇的程式語言？」
3. 「你知道嗎？這個程式語言改變了全球開發者的工作方式！」

這些標題都旨在激發讀者的好奇心，使他們想了解更多關於Python的內容。

圖 4-16　賣關子類型的文章標題生成範例

這樣就有，看起來像是為了吸引點閱率，而故意用賣關子的方式寫的標題了吧！

4.8　第六招：文章摘要整理術

有時候參加研討會、講座、演講、發表會等活動，總會聽到演講者在台上滔滔不絕的展現其成果或者分享各種知識；或是在各大網頁、部落格、論文等也都會有許多文章可以供人閱讀，吸收新知。而基本上這些文章大多數都落落長，如果需要在短時間內閱讀大量文章並整理重點，閱讀過程中難免會感到壓力倍增，但有了 ChatGPT 之後這些就都不算大問題了，因為你可以使用 ChatGPT 來幫你閱讀文章並整理摘要。

情境範例

今天你和公司其他員工參加了一個 Python 研習，研習中拿到了許多資料，而那個總是看起來「非常忙碌」的老闆將其中一個資料交給你，是關於 Python 中類別（Class）的官方教學，希望你可以閱讀完之後在下班前整理出摘要給他。你看了看內容，心想著根本不知道 Python 是甚麼東西，更別提這些更專業的名詞的內容了。接著你看了看時間，似乎又要挑燈夜戰加班了……

沒問題，只需要把文章的文字丟入對話框，或是將 PDF 拖曳到 ChatPDF 就可以了，以下我會分別介紹這兩種方式的作法。

◆ 直接複製文字

如果文章比較短，而且如果圖片佔少數，大部分都是文字的話，你就可以直接將文章的文字部分複製下來並放在對話框中請 ChatGPT 幫你整理摘要了，這次我用的範例是 Python 官方教學：https://docs.python.org/zh-tw/3/tutorial/classes.html。圖 4-17 是網頁中的部分內容。

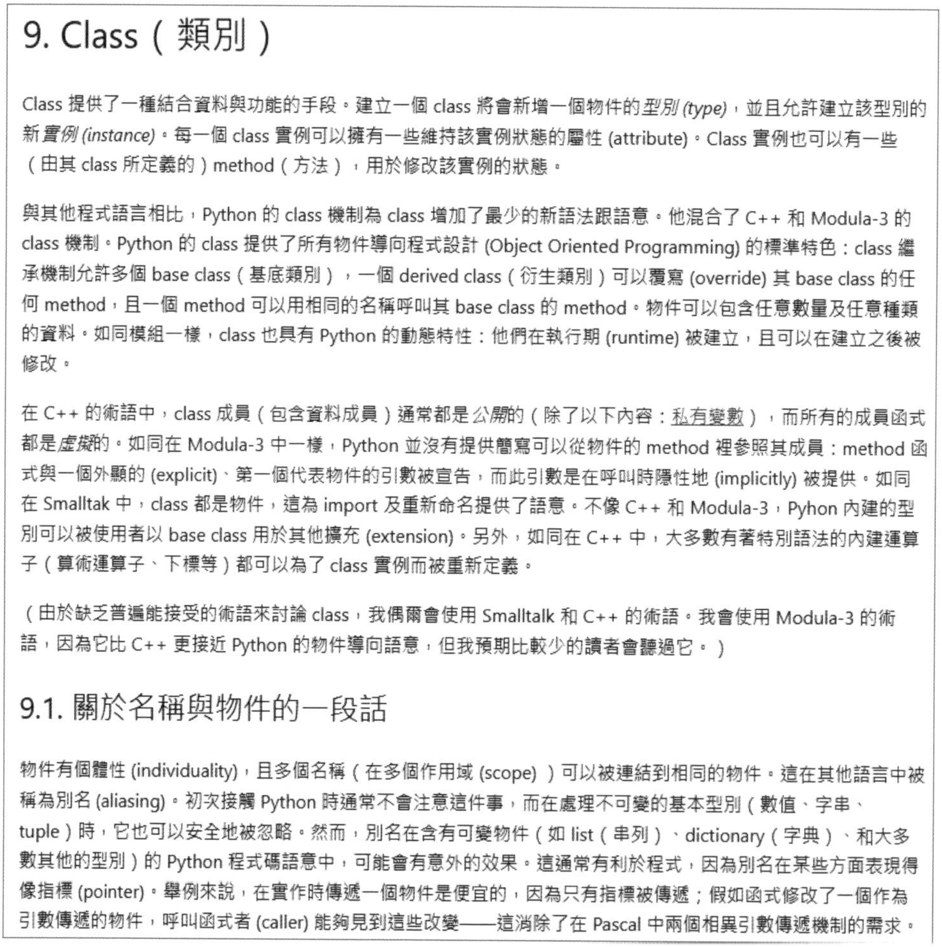

---

9. Class（類別）

Class 提供了一種結合資料與功能的手段。建立一個 class 將會新增一個物件的 *型別 (type)*，並且允許建立該型別的新*實例 (instance)*。每一個 class 實例可以擁有一些維持該實例狀態的屬性 (attribute)。Class 實例也可以有一些（由其 class 所定義的）method（方法），用於修改實例的狀態。

與其他程式語言相比，Python 的 class 機制為 class 增加了最少的新語法跟語意。他混合了 C++ 和 Modula-3 的 class 機制。Python 的 class 提供了所有物件導向程式設計 (Object Oriented Programming) 的標準特色：class 繼承機制允許多個 base class（基底類別），一個 derived class（衍生類別）可以覆寫 (override) 其 base class 的任何 method，且一個 method 可以用相同的名稱呼叫其 base class 的 method。物件可以包含任意數量及任意種類的資料。如同模組一樣，class 也具有 Python 的動態特性：他們在執行期 (runtime) 被建立，且可以在建立之後被修改。

在 C++ 的術語中，class 成員（包含資料成員）通常都是公開的（除了以下內容：私有變數），而所有的成員函式都是虛擬的。如同在 Modula-3 中一樣，Python 並沒有提供簡寫可以從物件的 method 裡參照其成員：method 函式與一個外顯的 (explicit)、第一個代表物件的引數被宣告，而此引數是在呼叫時隱性地 (implicitly) 被提供。如同在 Smalltak 中，class 都是物件，這為 import 及重新命名提供了語意。不像 C++ 和 Modula-3，Pyhon 內建的型別可以被使用者以 base class 用於其他擴充 (extension)。另外，如同在 C++ 中，大多數有著特別語法的內建運算子（算術運算子、下標等）都可以為了 class 實例而被重新定義。

（由於缺乏普遍能接受的術語來討論 class，我偶爾會使用 Smalltalk 和 C++ 的術語。我會使用 Modula-3 的術語，因為它比 C++ 更接近 Python 的物件導向語意，但我預期比較少的讀者會聽過它。）

9.1. 關於名稱與物件的一段話

物件有個體性 (individuality)，且多個名稱（在多個作用域 (scope)）可以被連結到相同的物件。這在其他語言中被稱為別名 (aliasing)。初次接觸 Python 時通常不會注意這件事，而在處理不可變的基本型別（數值、字串、tuple）時，它也可以安全地被忽略。然而，別名在含有可變物件（如 list（串列）、dictionary（字典）、和大多數其他的型別）的 Python 程式碼語意中，可能會有意外的效果。這通常有利於程式，因為別名在某些方面表現得像指標 (pointer)。舉例來說，在實作時傳遞一個物件是便宜的，因為只有指標被傳遞；假如函式修改了一個作為引數傳遞的物件，呼叫函式者 (caller) 能夠見到這些改變——這消除了在 Pascal 中兩個相異引數傳遞機制的需求。

圖 4-17　各種形似火星文的文章

點進去後可以看到許多眼花撩亂的術語，常常會出現對主題已經一頭霧水了點進去相關介紹的文章或者教學又看到更多看不懂的東西（以此例來說個體性、作用域、基底類別……，文章中大約有 50% 的中文字連貫在一起，閱讀會讓人感到迷惑），人生難道是無盡的地獄嗎？沒關係，只需要將文章複製下來，接著輸入指令包括**整理摘要**這個詞、**摘要字數**、**對象**以及**其他個人要求**，例如：我是對 Python 完全沒有概念的人，請幫我以零基礎也能聽得懂的語氣，將下列文章整理出 200 個字以內的摘要：【需要整理的文章】。

此例中摘要字數就是「200 個字」；對象為「對 Python 完全沒有概念的人」；其他個人要求有「以零基礎也能聽得懂的語氣」生成文字，結果如圖 4-18。

📝 **筆者悄悄話**

1. 有時候文章太長，超出了輸入的長度的話，也可以將文字分段輸入，將每一段文字都整理出一個摘要。

2. 如果你想的話，可以從 ChatGPT 生成的摘要中將這些摘要再輸入一次接著再生成更濃縮的摘要。

3. 對於摘要如果不理解意思的話，你可以針對特定名詞請 ChatGPT 來解釋意思。

⬡ Class 是結合資料與功能的一種手段。建立一個 class 會新增一個物件型別，並且允許建立該型別的新實例。每個 class 實例可以擁有屬性來維持狀態，並且可以有 method 修改狀態。Python 的 class 繼承機制允許多個基底類別，衍生類別可以覆寫基底類別的方法，且方法可以呼叫基底類別的方法。Python 的 class 成員通常都是公開的，而所有成員函式都是虛擬的。Python 內建型別可以作為基底類別被擴充，且大多數內建運算子可以為 class 實例重新定義。這種設計提供了靈活性與強大的物件導向功能。

圖 4-18　文章摘要整理範例

以此例來說，我將網頁教學中的文字前言、9.1 和 9.2 段落的說明丟入 ChatGPT 來生成文章摘要，生成結果如上圖。對於沒有程式基礎的人來說似乎還是有那麼一點難懂，要是在報告時被問到不懂的名詞，那基本上請 ChatGPT 幫忙的事情就會露出馬腳了。

別急，此時還有另一個招式，你可以根據你的環境、你的經驗、你擅長的事情、能夠讓你容易理解的概念來請 ChatGPT 進行比喻式的講解。以圖 4-18 的回覆來看似乎還有「一點點」難以理解，此時舉例來說你可以這麼說：可以以一間公司中公司成員等互動來對這個概念進行舉例嗎？接著來看看圖 4-19 的回覆吧。

當然！讓我們用公司成員的互動來解釋 class 的概念。

公司和員工的類比

1. **Class 是什麼？**
   想像一間公司 (Company) 是一個 class。這個 class 定義了所有公司應該具備的特性和功能。

2. **建立一個新公司 (實例)**
   當你用這個 class 創建一個新公司時，你就有了一個這個類型的新實例。比如，公司 A 和公司 B 都是 Company class 的實例。

3. **屬性 (Attributes)**
   每個公司都有自己的屬性，比如員工數量、公司名稱等。這些屬性可以隨著時間改變，比如員工數量可能增加或減少。

4. **方法 (Methods)**
   每個公司都有一些方法，比如招聘新員工、發薪水等。這些方法可以改變公司的狀態，例如增加員工數量。

5. **繼承 (Inheritance)**
   假設有一個 IT 公司 (ITCompany) 繼承自公司 (Company) class。這意味著 IT 公司擁有公司的一般特性和功能，還可以添加 IT 公司的特有功能，比如開發軟體。

6. **覆寫 (Override)**
   如果 IT 公司決定它的招聘方法需要特別處理 IT 人才，它可以覆寫公司的一般招聘方法，提供自己的實現方式。

圖 4-19　文章摘要整理以及舉例範例

可以看到，有了舉例範例之後文章難懂的程度就一瞬間大幅降低了（可喜可賀），這些舉例可以依照個人經驗去微調，經過舉例後就可以更容易地將難懂的概念與生活連結在一起，之後公司要報告成果或者要學以致用時，你就是那個 MVP ！

⬡ 上傳 PDF 檔案並整理摘要

接著我們來看看如果今天拿到的文件是一個 PDF 文檔，文檔中有許多排版以及圖片、表格等內容，要複製文字想必有點麻煩，此時就可以啟用另一個 ChatGPT 的服務，也就是 ChatPDF 來閱讀 PDF 文檔，具體步驟如下：

1. 登入 ChatGPT：https://chatgpt.com/

2. 點擊左上角「探索 GPT」、英文介面者點擊「Explore GPTs」，如圖 4-20：

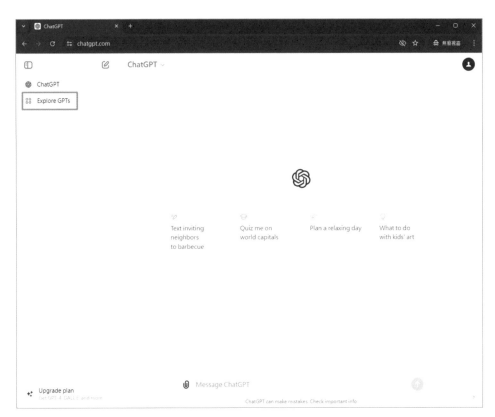

圖 4-20　ChatPDF 服務啟用步驟 2

3. 進入探索頁面之後可以看到有許多 GPT 的應用，這些應用基本上是專門針對特定問題來設計的 GPT，旨在能夠更精準地解決一些比較特殊的問題。在此我們需要搜尋 ChatPDF，之後可以看到許多的應用，在此我們選擇 ChatPDF，也就是圖 4-21 框框圈選的那個。

圖 4-21　ChatPDF 服務啟用步驟 3

4. 點選進去之後並點擊新增交談，這個介面中可以看到關於這個 GPT 工具的一些介紹以及評分、功能，如圖 4-22。

圖 4-22　ChatPDF 服務啟用步驟 4

5. 拖曳 PDF 檔案上傳並新增問題如圖 4-23，PDF 的話可以根據手邊有的資料來進行上傳，筆者身邊的 PDF 資料基本上都是很「友善的」學術論文 XD，所以僅作為展示帶各位認識這個 AI 工具，請各位可以實際操作看看。

因為上傳的文檔是英文檔案，所以在對話框中下指令需要讓 ChatPDF 知道要以**中文回應**，不然他會以為用英文回應就好了。

> 各位要注意一下上傳時，需要等 PDF 檔案完成上傳後再送出對話內容喔！

圖 4-23　ChatPDF 上傳 PDF 以及指令示意圖

6. 等 ChatPDF 產生回覆。

《Tree-Structured Parzen Estimator: Understanding Its Algorithm Components and Their Roles for Better Empirical Performance》主要探討了樹狀結構的帕森估計器（Tree-Structured Parzen Estimator, TPE）的算法組件及其在實證表現中的作用。這篇文章由弗賴堡大學計算機科學系的 Shuhei Watanabe 撰寫，目的是深入解析TPE算法的直覺和各個控制參數的功能。

TPE是一種貝葉斯優化（Bayesian Optimization, BO）方法，被廣泛應用於超參數調整和實驗設計。TPE特別適用於需要處理樹狀結構搜索空間的複雜實驗，這種搜索空間包含條件參數。這篇文章通過闡述TPE算法的各個組成部分，並實證展示每個控制參數如何影響探索和利用之間的平衡。

首先，文章介紹了TPE的基本概念和背景知識。TPE是一種基於核密度估計（Kernel Density Estimation, KDE）的貝葉斯優化方法，它通過建模$p(y|x,D)$來計算收購函數，並使用KDE來近似更好組和較差組的概率密度函數$p(x|D(l))$和$p(x|D(g))$。這些概率密度函數由權重、帶寬和核函數構建而成。

其次，文章詳細描述了TPE的算法過程。TPE算法分為初始化和主循環兩部分。在初始化階段，隨機選擇初始配置並評估目標函數值，建立初始數據集D。在主循環中，根據分割算法計算頂分位數γ，將數據集D分為更好組D(l)和較差組D(g)，並使用權重算法和帶寬選擇算法構建KDE。然後，從更好組中抽樣，選擇收購函數值最大的配置進行下一步評估，並更新數據集D。這個過程不斷重複，直到達到預算限制。

此外，文章對TPE中的每個控制參數進行了詳細討論，特別關注它們如何影響探索（exploration）和利用（exploitation）之間的平衡。分割算法、權重算法和帶寬選擇算法是TPE中的三個核心組件，它們各自對算法性能有不同的影響。文章還通過實驗展示了不同設置下的TPE性能，並提供了一些調參建議。

最後，文章進行了控制參數的消融研究（ablation study），評估了原始TPE的控制參數並探討了帶寬選擇的增強方法。結果表明，不同的控制參數對不同的基準測試有不同的影響，需要根據具體應用場景進行調整。

↓

圖 4-24　ChatPDF 回覆內容（部分節錄）

可以看到生成結果圖 4-24 會詳細描述內文，以及解釋數學符號，不過這個應用的數學符號生成就沒有那麼強大了，對於有需要協助解釋方程式的讀者們，不妨使用看看另一個應用 AskYourPDF Research Assistant，其生成的數學符號相當簡潔也更容易理解，如圖 4-25，可以看到生成的數學符號相當清楚也有針對定義進行解釋。

樹狀結構Parzen估計器：理解其算法組件及其角色

樹狀結構Parzen估計器（TPE）是一種廣泛使用的貝葉斯優化方法，特別適用於參數調優。在實驗設計日益複雜的今天，TPE因其優越的性能被廣泛應用於各種參數調優框架中。然而，對於每個控制參數的角色和算法的直觀理解卻鮮有討論。本文旨在通過一系列基準測試，揭示每個控制參數的角色及其對超參數優化的影響。

1. 介紹

隨著研究領域的迅速發展，如藥物發現、材料發現、金融應用和機器學習算法的超參數優化，實驗設計的複雜性顯著增加。這種趨勢需要更多的參數調優框架，如Optuna、Ray、BoTorch和Hyperopt。TPE在這些框架中表現突出，特別是在深度學習模型的超參數優化方面，如贏得Kaggle比賽和AutoML競賽。

2. 背景

在進一步討論之前，我們需要了解一些基本知識和符號定義：

- $X_d \subseteq \mathbb{R}$（對於 $d = 1, \ldots, D$），表示第 d 個（轉換後的）超參數的域。
- $x \in X := X_1 \times X_2 \times \cdots \times X_D \subseteq \mathbb{R}^D$，表示（轉換後的）超參數配置。
- $y = f(x) + \epsilon$，表示目標函數 $f : X \to \mathbb{R}$ 的觀察值，帶有噪聲 ϵ。
- $D := \{(x_n, y_n)\}_{n=1}^N$，表示一組觀察值（大小 $N := |D|$）。
- $D(l), D(g)$，表示較好組和較差組（大小 $N(l) := |D(l)|, N(g) := |D(g)|$）。
- $\gamma \in (0, 1]$，表示用於較好組的頂分位數。

- $y_\gamma \in \mathbb{R}$，表示在 D 中的頂-γ 分位數目標值。
- $p(x|D(l)), p(x|D(g))$，表示由核密度估計器（KDEs）構建的較好組和較差組的概率密度函數（PDFs）。

↓

圖 4-25　AskYourPDF Research Assistant 回覆內容（部分節錄）

筆者悄悄話

圖 4-21 介紹的各種 PDF 應用中也有一個應用為 AskYourPDF Research Assistant，這個應用也非常強大，不過使用時還需要額外登入，但生成結果有時候甚至會比 ChatPDF 還要優秀，如圖 4-25，有興趣的讀者可以實際去體驗看看！

點選該服務並開始交談過後，只需要照著說明進行登入就可以了。

4.9　第七招：提問問題生成術

情境範例

明天準備要面試餐飲店的外場了，你忐忑不安的坐在沙發上內耗，但時間是不等人的。你在內耗的同時，就是在不斷降低自己的競爭力，所以為了擺脫這種惡性循換，你決定思考一下面試官可能會問的問題。

當如果想針對某些議題思索一些延伸問題時，或者一些模擬問答就可以請 ChatGPT 針對特定方向生成一些問題，這些問題或許可以幫你找出目前的不足，讓你可以進一步提升品質。以上面的情境範例來說，你可以請 ChatGPT 幫你來模擬面試或者提問。你可以說：<u>我要面試餐飲類的前台服務生，你可以模擬面試官幫我出 10 個問題嗎？</u>以下圖 4-26 和圖 4-27 是 ChatGPT 的回覆內容。

當然可以！以下是10個常見的餐飲類前台服務生面試問題，幫助你做好準備：

1. 請你簡單介紹一下自己，包括你的工作經歷和興趣愛好。

   - 這個問題旨在了解你的背景和個性。

2. 為什麼你對餐飲行業感興趣？

   - 面試官希望了解你的動機和熱情。

3. 你有過服務行業的工作經驗嗎？如果有，請分享一個你覺得最具挑戰性的經歷。

   - 這個問題用來評估你的經驗和應對挑戰的能力。

4. 在繁忙的環境中，你如何保持高效和冷靜？

   - 面試官希望知道你如何應對壓力和多任務處理。

5. 你如何處理困難的客戶或投訴？

   - 測試你的溝通能力和問題解決技巧。

圖 4-26　模擬面試提問生成結果 1

6. 你認為良好的客戶服務應該包括哪些方面？

   - 這個問題用來了解你對優質服務的理解。

7. 如果你看到餐廳里有一個桌子還沒有清理，而你正忙於其他任務，你會麼做？

   - 測試你的優先順序管理和多任務處理能力。

8. 你如何確保每位客人都能享受到一致的高品質服務？

   - 評估你的服務標準和一致性。

9. 在過去的工作中，有沒有哪個時刻讓你感到特別自豪？

   - 面試官希望了解你的成就和自我激勵。

10. 你對我們餐廳有什麼了解？為什麼選擇我們？

    - 測試你對公司的興趣和研究。

希望這些問題能幫助你在面試中脫穎而出！祝你面試成功！

圖 4-27　模擬面試提問生成結果 2

也是和之前幾招一樣，如果對於問題不滿意可以重新生成、進一步下指令等來協助 ChatGPT 來生成更符合你需求的問題，也可以嘗試將回答給 ChatGPT 看看有沒有可以更進步的地方。

4.10 第八招：電子郵件協作術

現代人可以使用電子郵件、Line 等各種軟體和遠方的親朋好友、老闆老師、學生員工聯絡，可謂是將人與人之間溝通的難度降得很低。不過在和老闆、老師之類的上級聯絡時，常常要注意口氣上以及用字遣詞是否有不敬，以前需要花很多時間去學習用字遣詞以及一些相關格式。但現在，你可以依靠 ChatGPT 來幫你完成信件的撰寫！

小小題外話

雖然 ChatGPT 可以幫助電子郵件的寫作，不過這個應用在之前訓練時是使用英文對話居多，所以對中文的用字遣詞可能偶爾會出現一些紕漏。各位讀者還是要稍微注意一下，用字上是否有明顯的錯誤喔！

接下來就來看看這個小節的情境應用吧！

情境應用

書接上回，你和 ChatGPT 的對練讓你在面試場中所向披靡，面對老闆的問答你都對答如流，真是可喜可賀。面試完成後，過幾天你如約收到了公司的錄取通知，隨信附上了你主管的電子郵件要你去和主管進行連絡，你在電腦前思索了很久，把好不容易打好的字都刪除只因怕用字不妥當。突然你有點後悔當初上學沒有好好聽國文老師講課……

不過沒關係，亡羊補牢，猶未晚也。現在還來得及，只需要打開 ChatGPT，並且和 ChatGPT 提及到**使用中文**寫電子郵件、**注意用詞並使用特定的口吻**（例如專業語氣、正式語氣、隨興語氣、友善的語氣、嚴肅的語氣⋯⋯），以及**信件中需要包含的內容**、一些**前情提要**。前情提要可以讓 ChatGPT 更快進入狀況並生成出更精確的結果。

接著你可以使用專門寫 Email 的 GPT 應用，或者使用 ChatGPT 來進行電子郵件的撰寫，經過測試 ChatGPT 和專門用來寫 Email 的生成結果差不多。以此例來說，我在對話框中輸入：我面試餐飲類的前台服務生，成功錄取後要去和主管進行連絡。請你幫我以中文撰寫一封電子郵件，信件中需要包含感謝老闆願意錄取，以及未來期許。請注意用詞並請用正式的口吻進行撰寫。

⬡ 使用 ChatGPT

直接在對話框中輸入即可。

⬡ 使用 Email

首先我們要從探索 GPT 中來使用專門撰寫 Email 的 GPT 服務。

1. 登入 ChatGPT：https://chatgpt.com/

2. 點擊左上角「探索 GPT」、英文介面者點擊「Explore GPTs」：

   ┃ 這部分和 4.8 小節的步驟一樣，可以參考圖 4-20。

3. 在**搜尋 GPT** 欄位中輸入 email 之後選擇你喜歡的應用，筆者使用圖 4-28 框起來的這個 Email GPT，它可以設定語氣風格。

圖 4-28　Email GPT 服務啟用步驟 3

4. 點選底下黑色**開始交談**按鈕，值得一提的是，有些應用會有對話啟動器（如圖 4-29 所示），這個啟動器就會幫助 GPT 快速進入狀況。

圖 4-29 Email GPT 服務啟用步驟 4

5. 你可以試著先使用對話啟動器來讓 GPT 快速進入狀況如圖 4-30，此時 GPT
會以英文回覆（畢竟對話啟動器就是使用英文啊），以此例來說我們可以選擇
「I want to write in a PROFESSIONAL tone」。此時 GPT 就會回覆一段英文回
答，大意是請你提供一些細節，也就是上面提到的**使用中文**寫電子郵件、**注意**
用詞並使用特定的口吻、信件中需要包含的內容、以及一些**前情提要**。那我們
就輸入跟前面對話框相同的內容：我面試餐飲類的前台服務生，成功錄取後要
去和主管進行連絡。請你幫我以中文撰寫一封電子郵件，信件中需要包含感謝
老闆願意錄取，以及未來期許。請注意用詞並請用正式的口吻進行撰寫。

圖 4-30　四種不同的對話啟動器，分別代表不同語氣

6. 有時候 Email GPT 會請你提供更多細節以利寫作就像圖 4-31，就算沒有細節也可以寫成通用格式，相當貼心，不過有時候中文會變成簡體中文，若使用者閱讀簡體會不太流暢的話可以對 GPT 下指令請它使用**繁體中文**回答。

圖 4-31　Email GPT 有時請你提供更多細節

7. 最後就可以看到如圖 4-32 GPT 生成的信件啦！

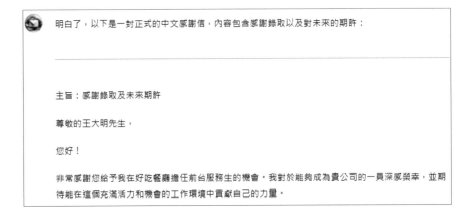

在接下來的工作中，我將全力以赴，確保以最高的服務水準滿足每一位顧客的需求，同時也希望能在團隊中學習並成長。我深知前台服務生是顧客接觸餐廳的第一線人員，因此我會努力展現專業、友善和積極的態度，為顧客帶來最佳的用餐體驗。

再次感謝您和貴公司對我的信任，我期待與您及整個團隊共同努力，創造更多成功的時刻。

此致

敬禮！

[您的姓名]

希望這封信能幫助您順利與主管進行聯絡。如有需要任何修改或增加的內容，請隨時告訴我。

圖 4-32　Email GPT 生成的電子郵件

要使用哪種工具其實因人而異，但只要能生成出好的結果就好了，各位也可以將這些範例信件**再加入更多自己的意思來稍微修改**，改完後也可以將完整信件傳給 ChatGPT，並請 ChatGPT 再進一步潤飾、協助修改。

4.11　第九招：外文文章翻譯術

在職場中或者在學校，常常會閱讀到一些外文的文章，有時候外文能力較差的人們（例如我）就勢必要一個字一個字慢慢翻譯，或者丟給 Google 翻譯，但 Google 翻譯有時候會造成前後文不連貫。或是有時候要撰寫外文文章，與外國客戶信件往來溝通，此時那些英文不好的人們就會一個頭兩個大了，但不用擔心，你還有 ChatGPT 可以用！

情境範例

今天有一個外國客戶來你們公司洽談，和老闆相談甚歡，你可以在辦公桌前聽到會客室傳來陣陣笑聲，還有你聽不懂的語言。正當你覺得似乎不會有你的事的時候，不料，老闆和客戶走出來，老闆笑著拍了拍你的肩膀，講了一些你聽不懂的東西（旁邊的同事對你打了 pass，大意是說老闆說你是他公司中表現優秀的員工，有問題後續都可以和他洽談）。你苦笑著連連回應 Yes Yes。

客戶一走，老闆收起那個待客笑臉，要你找時間去和那位外國客戶進行自我介紹，要是搞砸了公司會損失一筆外國的大訂單。這句話讓你心中懸起一塊巨石，而成為壓垮你的那最後一根稻草就是你對英文的不熟悉……

但沒關係，現在你已經不是以前的自己了，現在的你可是有 ChatGPT 的幫忙，你趕緊寫出了一份中文的自我介紹，希望可以請 ChatGPT 幫你翻譯成英文，好讓你交差。

要請 ChatGPT 幫你翻譯成英文的話，必須要將**輸入文本、要翻譯的語言、翻譯語氣**都傳達給 ChatGPT，有時也可以加入一些前情提要讓 ChatGPT 可以更理解你的想法還有情境。以此來說如果要自我介紹的話，你可以說：請幫我將這段自我介紹以要向外國客戶自我介紹的情境，用比較友善的語氣翻譯成英文，內文可以用一些比較口語的方式來翻譯：【你的自我介紹】。結果如圖 4-33 所示。

圖 4-33　ChatGPT 生成的自我介紹翻譯

這個範例中為了節省時間自我介紹也是請 ChatGPT 簡單生成的，各位使用者若有需要的話可以試試看，利用 ChatGPT 進行翻譯是一項蠻常見的服務，除了中文翻譯成外文以外也可以利用外文來翻譯回中文，若有興趣各位也可以試試看！

4.12　第十招：圖片生成術

在 ChatGPT 之前，風靡全球的圖片生成 AI 已經引起了廣泛關注和應用。這些 AI 工具，如 Stable Diffusion 和 DALL-E，革新了圖像生成的方式。Stable Diffusion 能夠生成細節豐富的視覺內容。另一個著名的圖片生成 AI 是 DALL-E，它由 OpenAI 開發，能夠根據文字描述創造出獨特且創意十足的圖像。這些技術的出現不僅促進了創意產業的發展，還為藝術家、設計師和內容創作者提供了新的靈感來源。隨著技術的不斷進步，圖片生成 AI 正逐步成為各行各業的重要工具。

小小題外話

如果要體驗完整版的 DALL-E 的話則必須升級到完整版才能使用，本章節為
範例來介紹 ChatGPT 的圖片生成功能，若讀者覺得一個月 20 美金的訂閱不
算小事的話你可以升級到完整版來體驗和這章節相同的應用。

有興趣但還不想花錢的讀者也可以參考後面的 GenApe AI（5.2.4 節）來生成
精美的圖片。

目前 ChatGPT 可以使用 DALL-E 來生成完整圖片，在生成圖片之前你可以先使
用 ChatGPT 來加強圖片生成的描述。

情境應用

在辦公室中你看著螢幕發呆，突然覺得你的桌面圖片你已經看到厭煩了，
你想做出改變，但如果上網瀏覽搜尋圖片的話似乎會被你的主管「親切的
照料」。但如果不改變桌面的話似乎又會有一點點心結在你心中影響你的
工作。於是你在心神不寧的狀態下工作，工作效率大幅降低……

沒事的，你可以使用 ChatGPT，在升級到 Plus 版本後你就可以直接在聊天室中
要求 ChatGPT 生成圖片，不過在圖片生成之前你可以先要求 ChatGPT 為你增
強圖片的描述，舉例來說我想生成烏龜的圖片就可以這樣寫：我想要生成圖片，
請先幫我增強我的描述：兩隻櫻桃紅腿陸龜在水塘邊曬太陽以及吃草。要注意
對話需要提及到**我想生成圖片**以及**增強描述**這兩個關鍵字，以及**你要生成的圖片
內容**。

接著可以看到如圖 4-34 ChatGPT 的回覆：

當你要生成圖片時，詳細的描述能夠幫助獲得更精確的結果。以下是增強的描述：

兩隻櫻桃紅腿陸龜在水塘邊的草地上曬太陽和吃草。這兩隻烏龜一隻靠近水塘邊，另一隻在草地上悠閒地吃草。背景是一片綠意盎然的森林，陽光穿過樹葉灑在地面上，給整個場景帶來溫暖的感覺。水塘清澈見底，反映出周圍的綠色植物，增加了場景的寧靜氛圍。水塘周圍有各種野花和高低不一的草叢，使得這個自然環境更加真實和生動。

如果你需要進一步修改或增加細節，請告訴我！

圖 4-34　ChatGPT 圖片生成指令增強範例

接著你就可以根據這段增強的指令來要求生成圖片，指令中需要明確提示 ChatGPT 要**生成圖片**，以及**生成圖片的內容**：<u>我想要生成圖片：兩隻櫻桃紅腿陸龜在水塘邊的草地上曬太陽和吃草。這兩隻烏龜一隻靠近水塘邊，另一隻在草地上悠閒地吃草。背景是一片綠意盎然的森林，陽光穿過樹葉灑在地面上，給整個場景帶來溫暖的感覺。水塘清澈見底，反映出周圍的綠色植物，增加了場景的寧靜氛圍。水塘周圍有各種野花和高低不一的草叢，使得這個自然環境更加真實和生動。</u>

接著就可以看到圖 4-35 中圖片已經生成完畢了，但有些讀者可能有在養陸龜，此時可以看到生成結果根本就不是櫻桃紅腿陸龜，那怎麼辦？沒關係，接下來第十一招要來教你編輯圖片。

圖 4-35　ChatGPT 生成的圖片

4.13　第十一招：圖片編輯術

從第十招中你學會了生成圖片，如果你想針對圖片進一步的編輯怎麼辦？別擔心，ChatGPT 一樣可以幫你處理好，你只需要點擊生成的圖片之後進入編輯頁面，如圖 4-36。

圖 4-36　ChatGPT 圖片編輯視窗

接著可以看到右上方有一些功能按鈕，（⊗ ⭳ ⓘ ×）由左至右分別為選取、儲存、提示詞、關閉。

- **選取**：可以自己選取一些要編輯的區塊，然後再進一步要求 ChatGPT 針對選擇的區塊進行重新編輯。

- **儲存**：儲存圖片。

- **提示詞**：可以查看圖片生成的提示詞，從這邊可以看到對於一些專有名詞（櫻桃紅腿陸龜）的翻譯可能會錯誤或者不精確導致影響生成，對於生物品種我會比較傾向於使用該動物的**學名**來生成。

至於提示詞為何是英文，因為這種圖片生成的應用，AI 對於英文的理解能力會比理解中文要來的好，所以通常在後端都會先翻譯成英文再進行圖片生成，如圖 4-37。

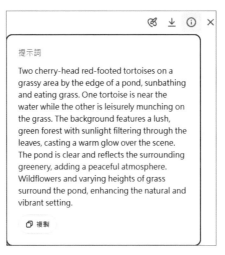

圖 4-37　ChatGPT 提示詞視窗

- **關閉**：關閉此視窗並回到對話介面中。

我們首先點擊選取，選取這兩隻烏龜如圖 4-38，並輸入改進的指令給 ChatGPT。以此例來說櫻桃紅腿陸龜的學名為 Geochelone carbonaria，所以在右下角的指令可以寫：請把這兩隻烏龜改成 Geochelone carbonaria，該品種的特徵要清楚一點。

圖 4-38　ChatGPT 圖片編輯 – 選取圖片

接著就可以看到生成的結果如圖 4-39 了，雖然和我認識的結果有一點不同，不過還是得讚嘆目前圖片的生成能力。

圖 4-39　ChatGPT 圖片編輯結果

也可以在後面添加一隻喝水的斑馬 XD 如圖 4-40：

圖 4-40　ChatGPT 圖片編輯─新增動物

可以看到生成的結果多了一隻斑馬在後面喝水就像圖 4-41 所示，只是位置怪怪的，可能是因為選取的位置沒有用好的關係，各位有興趣且有購買完整版也可以去玩玩看，這個功能是筆者覺得最好玩的功能之一。

圖 4-41　ChatGPT 圖片編輯─新增動物生成結果

4.14 第十二招：圖表分析術

有時候在公司，可能會需要面對一些跟經營、營銷等相關的圖表，或者日常生活中要閱讀一些圖表觀察某些走勢或趨勢，有些人也常常需要對股票進行分析，此時有了 ChatGPT 你就可以方便的分析這些圖表。

情境應用

你是個剛入坑股市的新手，你還不懂得如何看 K 線圖，對一些名詞也是一知半解，目前正在努力閱讀相關書籍（你也同時向 ChatGPT 請教）。今天你想開始購買人生第一支股票，不過你還不太熟悉如何從股票市場那些密密麻麻的數字中下手，於是你在電腦前面瞎忙了一段時間⋯⋯

首先若你手邊有圖表的話你可以使用手邊的圖表，若沒有的話我從 yahoo! 股市（https://tw.stock.yahoo.com/）中搜尋了台積電的股票作為範例，如圖 4-42。

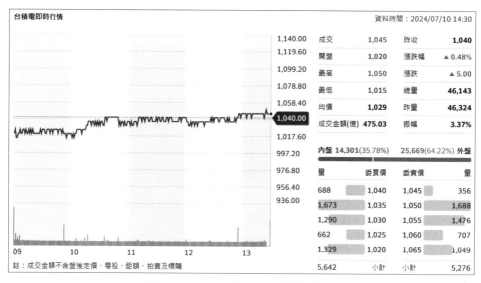

圖 4-42　yahoo! 股市中台積電的行情

初學者看到這密密麻麻的數字與名詞應該就頭昏腦脹了，不過你只需要跟 ChatGPT 說明你要閱讀的**圖表種類**（股票分析、營銷走勢等等），以及請它幫你**分析圖表**，最重要的是要把圖表的圖片**拖曳上傳到對話框**中就好了。以此例來說，我將圖片上傳後輸入了：請幫我閱讀這張股票圖表，並幫我分析，注意拖曳圖片上傳後對話框會有你上傳的圖片，如圖 4-43（圖片非常小，只要確認有圖片即可）。

圖 4-43　上傳圖片時圖片會位於對話框中

之後就可以看到 ChatGPT 的回覆如圖 4-44 至圖 4-46：

圖 4-44　ChatGPT 對圖表分析的結果 1

3. 買賣委託量：

- 買入委託量：

    - 價格1,040：688

    - 價格1,039：1,673

    - 價格1,038：1,290

    - 價格1,037：662

    - 價格1,036：1,329

- 賣出委託量：

    - 價格1,045：356

    - 價格1,050：1,476

    - 價格1,049：1,049

    - 價格1,048：707

    - 價格1,047：1,688

圖 4-45　ChatGPT 對圖表分析的結果 2

4. 分析：

- 目前台積電股價相較於昨日收盤價變動不大，略有上漲。

- 成交量較大，顯示交易活躍。

- 外盤量明顯大於內盤量，顯示賣出壓力大於買入壓力。

- 買賣委託量顯示在1,045及以上有較大的賣出壓力，而在1,040及以下有較大的買入支撐。

總結來看，目前台積電股價在小幅震盪，成交量活躍但賣壓較大。若後續賣壓減少，股價有可能上行；反之，若買盤不足，股價可能會有回調風險。

圖 4-46　ChatGPT 對圖表分析的結果 3

其實除此之外也可以請 ChatGPT 非圖表類型的東西，例如一般的相片，設計圖，流程圖等。ChatGPT 對於閱讀圖表的能力雖然可能沒有到非常強大，不過隨著時間發展確實越來越精準了，未來請 ChatGPT 閱讀圖表時的結果想必會越來越優秀吧！

4.15　第十三招：Word 協作術

在這裡我想介紹 ChatGPT 在 Word 協作上能夠做到的事情，雖然在我試用過後感覺到還是有一些缺失，不過整體而言倒也解決了我不少問題。它有一些小缺失可能是翻譯的問題，接下來我將會介紹如何使用，以及一些瑕疵，希望能盡可能地幫助各位避坑。

1. 從探索 GPT 中找到 Word 應用，如圖 4-47 所示。

圖 4-47　ChatGPT 中 Word 應用

2. 點擊開始交談，可以看到它有一些對話啟動器如圖 4-48，你可以問它能做甚
   麼、MLA 格式設定等問題作為對話啟動的指令。

圖 4-48　ChatGPT 中 Word 應用的詳細頁面

3. 接著你就可以開始跟它對話了，我首先先詢問了它可以做甚麼（用繁體中文
   問），可以看到它的回覆如圖 4-49：

我具備以下幾個主要功能，專門針對 Microsoft Word 文檔的創建和編輯提供專業指導和支持：

模板選擇和指導

- **模板選擇指導**：幫助用戶選擇最適合其需求的模板，確保最終產品符合項目要求。
- **參考資料利用**：利用高質量資料（如"Project-Management-Template"）來創建專業標準的文檔。

詳細需求整合

- **捕捉和整合需求**：緊密合作，確保文檔的目的、結構和設計準確反映用戶的詳細需求。

文檔創建和格式化

- **基本文檔創建**：提供從文檔創建到高級功能（如自動化和定制）的全面支持。
- **高級功能探索**：深入探索 Word 的高級功能，如宏、附加元件和複雜的格式選項。

高級表格功能和操作

- **表格創建和設計**：指導用戶從基本插入到選擇合適設計和樣式。
- **數據組織和佈局**：提供組織表格數據的策略，增強可讀性。
- **表格自定義**：詳細說明如何自定義表格屬性，如行高、列寬、單元格對齊等。
- **高級格式技術**：探討如條件格式設置、設置重複標題行和使用表格內公式等高級格式選項。

文檔最終定稿和可下載性

- **PDF 轉換**：將 Microsoft Word 文檔轉換為 PDF，確保保留所有格式和佈局特徵。
- **字符編碼處理**：處理文檔中的 Unicode 字符，以防止 PDF 轉換過程中的編碼問題。

持續學習和適應

- **學習資源**：指導用戶使用 Microsoft 文檔生態系統內的寶貴學習資源。
- **社區參與**：鼓勵參加社區論壇和討論，促進協作學習環境。

與 Microsoft 生態系統整合

- **與其他 Microsoft 服務和平台的集成**：提高在 OneDrive、SharePoint 和 Teams 上的生產力和協作。

我提供的指導和支持基於 Microsoft 官方文檔和 MicrosoftDocs GitHub 存儲庫中的權威資源，確保用戶獲得準確和最新的指導。我的目標是幫助用戶利用 Microsoft Word 的全方位功能，創建專業、高效和創新的文檔。

圖 4-49　ChatGPT 中 Word 應用自稱擁有的功能

既然它說它對 Word 的文檔能提供專業的指導和支持，那現在就來考考它吧！

小小題外話

因為 Word 版本眾多導致相同功能的名詞可能會更動；英文版與中文版又存在著一定的翻譯落差，所以在經過筆者的測試，ChatGPT Word 的回答中常常會有一些名詞問題，期許這些小問題未來會改正吧。

4.15.1 ChatGPT Word 建立文檔以及選擇模板

在這裡我想讓 ChatGPT Word 教我如何撰寫公司的業績報告以及提供適合的模板設定，舉例來說我輸入了：我想撰寫公司的業績報告，可以教我如何新增 word 文件嗎，以及適合的模板設定。

 筆者悄悄話

原則上像這種協作類型的指令要越詳細越好，包含的內容多，回答才會準確，筆者在此以簡單的例子來向各位介紹 ChatGPT Word 的一些基本用法。各位若有工作上的需求，可以根據需求來給定完整的指令讓 ChatGPT Word 給你更精準的指導喔。

結果 ChatGPT Word 給了很多步驟，接下來來看看這些步驟如圖 4-50 吧。

 當然，我可以幫助你創建公司業績報告的 Word 文檔並提供適合的模板設置。以下是詳細的步驟：

創建公司業績報告文檔的步驟

1. 打開 Microsoft Word

- 啟動 Microsoft Word 程序。
- 點擊 "文件" > "新建" 來創建一個新的文檔。

2. 選擇合適的模板

- 在"新建"窗口中，可以選擇現成的模板。建議搜索 "業績報告" 或 "商業報告" 來找到適合的模板。
- 如果沒有找到合適的，可以選擇一個空白文檔，然後手動設置格式。

3. 設置文檔格式

- 頁面佈局：設置頁邊距、頁眉和頁腳。通常，商業報告會使用1英寸的邊距。

    - 點擊"佈局" > "邊距" > 選擇合適的邊距（如"普通"）。

- 標題和段落樣式：

    - 使用預設的標題樣式（標題1、標題2等）來組織內容。

    - 點擊"開始"選項卡，選擇"樣式"部分中的標題樣式。

圖 4-50　ChatGPT Word 建立文檔的前三步驟

首先啟動 Word 之後可以看到並沒有文件這個部分，但可以直接找到**新增**，接著第二步我照它的建議搜尋**商業報告**（因為業績報告找不到內容 orz），接著我選左邊的新式商業報告。

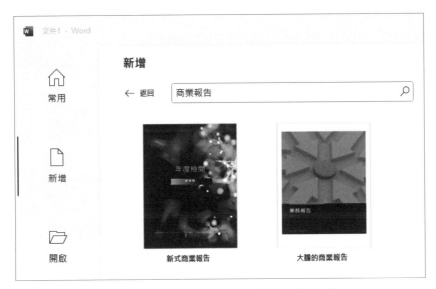

圖 4-51　Word 照 GPT 給的步驟執行前兩步驟

第三步是如圖 4-52 從佈局中選擇合適的**邊距**，但很可惜的在 Word 中佈局是「版面配置」；邊距是「邊界」；普通的邊距應該是設定成「標準」，不過基本上不太會影響到閱讀。

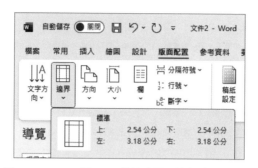

圖 4-52　Word 照 GPT 給的步驟三進行邊界的設定

另外如圖 4-53 所謂**開始選項卡**應該是「常用」這個選單，**樣式**這部分倒是沒問題。接著來看看下一個部分，第四項要點到第六項要點的部分。

---

4. 插入封面頁

- 點擊"插入" > "封面頁"，選擇一個適合的封面樣式。

- 添加公司名稱、報告標題、日期和作者信息。

5. 撰寫報告內容

- **摘要**：簡要介紹報告的主要內容和結論。

- **目錄（可選）**：如果報告內容較長，可以插入目錄。

  - 點擊"參考資料" > "目錄"，選擇一個自動生成的目錄樣式。

- **公司概況**：描述公司的基本信息和背景。

- **業績摘要**：總結本年度或季度的主要業績指標和成就。

- **財務報告**：詳細列出財務數據，包括收入、支出、利潤等。

- **業務分析**：分析業務運營情況，指出成功之處和需要改進的地方。

- **未來展望**：展望未來的發展計劃和目標。

6. 插入圖表和表格

- **圖表**：用於展示數據的可視化效果。

  - 點擊"插入" > "圖表"，選擇合適的圖表類型（如折線圖、柱狀圖等）。

- **表格**：用於組織和展示數據。

  - 點擊"插入" > "表格"，根據需要選擇行和列數量。

圖 4-53　ChatGPT Word 建立文檔的 4~6 點

首先**插入**與**封面頁**都是沒問題的，如圖 4-54 所示。

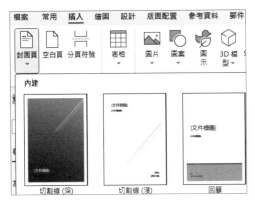

圖 4-54　Word 照 GPT 給的步驟進行封面頁的設定

另外撰寫報告內容基本上大多數文字處理的部分可以請 ChatGPT 與你一起協作完成。插入圖表以及插入表格這部分也寫得正確，其餘還有 7~9 要點，也可以提供你一些思路還有建議，如圖 4-55。

7. 美化文檔

- **設置主題和樣式**：點擊"設計"選項卡，選擇合適的主題和顏色方案。
- **頁眉和頁腳**：添加公司標誌、頁碼和日期。
  - 點擊"插入" > "頁眉"或"頁腳"，選擇一個樣式並編輯內容。

8. 審核和校對

- 檢查拼寫和語法錯誤：點擊"審閱" > "拼寫和語法"。
- 確保所有數據和信息準確無誤。

9. 保存和導出

- 點擊"文件" > "保存"或"另存為"，選擇保存位置和文件名。
- 如需發送給他人，建議導出為 PDF 格式：點擊"文件" > "導出" > "創建 PDF/XPS"。

圖 4-55　ChatGPT Word 建立文檔的 7~9 點

基本上大致寫得沒有問題，第 7 步的**頁眉**應該是「頁首」；審閱應該是「校閱」；**拼寫和語法**應該是「拼字及文法檢查」。總得來說如果有使用過 Word 的話基本上這些教學的用詞瑕疵應該不太會影響到工作，也可以提供新手朋友們一個基礎的教學思路，最後 ChatGPT Word 也會給你一些設定的範例供參考如圖 4-56。

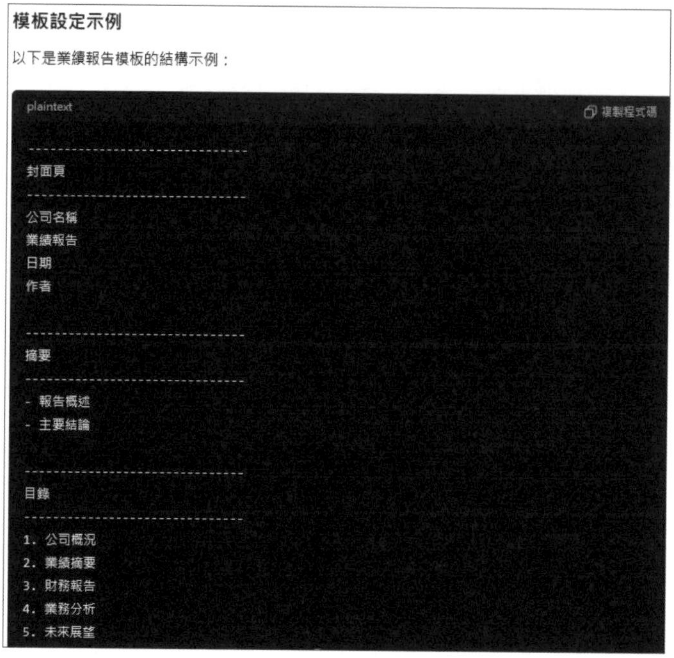

模板設定示例

以下是業績報告模板的結構示例：

圖 4-56　ChatGPT Word提供的文件結構範例（部分節錄）

若各位在使用上出現問題不妨**繼續追問下去或者搭配瀏覽器去查詢**，因為這些軟體可能會因為**作業系統、版本等因素而出現偏差**，ChatGPT 在無法完全得知你的軟體的情況下也很難給你最精確的解釋。

即使你在一開始下指令前就先讓 ChatGPT 完整了解你的版本、設備等問題有時候生成結果還是會有瑕疵，只能希望這些問題以後能改良。

就目前來說 ChatGPT 還**不能很順利的協助使用者進行排版**，除非使用 VBA 程式碼來進行排版，所以文字的部分可以和 ChatGPT 協作，但排版可能就還是要靠自己了，當然可以詢問 ChatGPT 建議，不過操作就還是要考驗各位的經驗與技術了。

4.15.2　ChatGPT Word VBA 排版

什麼是 Visual Basic for Applications（VBA）？ VBA 是一種內嵌於 Microsoft Office 應用程式（如 Word、Excel 和 Access）中的程式語言，讓用戶可以透過

編寫程式來自動化各種操作。它基於 Visual Basic 語言,專為 Office 應用而設置的。可能各位會覺得納悶,為何撰寫個檔案還要學習程式,這是因為有時候藉由程式控制能夠讓整份檔案的內容獲得最精確的控制,才不會不小心遺漏。

VBA 的用途包含但不限於:

● **自動化重複性任務**:例如批量處理文檔、格式化文本、插入圖片等。

● **建立自定義功能**:例如建立特定的文檔範本、特定格式的報告等。

● **增強 Word 功能**:例如添加自定義的對話方塊、工具欄等。

例如有一個標題的樣式種類,共有幾百個標題使用這個樣式,今天如果要改變樣式的話一個一個改可能會浪費很多時間也有可能會遺漏,此時使用 VBA 就可以很好的避免麻煩了。

至於如何使用 VBA 呢?你只需要打開文件並按下 Alt+F11 就可以打開 Visual Basic 編輯器,如圖 4-57。

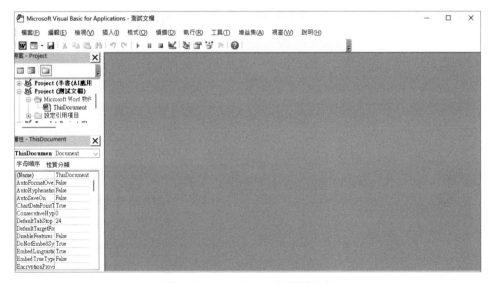

圖 4-57　Visual Basic 編輯器視窗

另外我有在 ChatGPT Word 中請教它如何使用 VBA 編輯，以下是它的回覆。
ChatGPT Word 回覆了超長一篇內容 orz，為了節省篇幅我只節錄了部分，如圖
4-58：

圖 4-58　ChatGPT Word 對於 VBA 的基本教學

宏是一個系列命令，可以用來自動化重複的工作，上面這段程式碼就是一個最簡
單的宏。若你對於 VBA 程式完全不熟怎麼辦，沒關係，這段程式碼直接打進去請
它**逐行解釋程式碼**即可，就像圖 4-59 中的這樣。

```vba
請逐行解釋這段程式：Sub InsertTextWithFormat()
    Dim doc As Document
    Set doc = ActiveDocument

    ' 插入文本
    doc.Content.InsertAfter "這是一個使用 VBA 插入的文本。"

    ' 設置文本格式
    With doc.Content
        .Font.Name = "Arial"
        .Font.Size = 12
        .Font.Bold = True
    End With
End Sub
```

圖 4-59　請 ChatGPT Word 逐行解釋 VBA 程式

結果它就照你命令為你逐行解釋所有程式碼如圖 4-60，所以使用 ChatGPT 學習 VBA 的速度也會很快，你可以把它當成 24 小時都有空的專屬家教，不斷問問題不斷學習。

圖 4-60　ChatGPT Word 逐行解釋 VBA 程式結果

接著你可以照著這段 VBA 程式碼照抄，由圖 4-58 的教學你可以知道步驟，首先點擊插入然後點擊模組，如圖 4-61（ChatGPT Word 說模塊，但模塊與模組的英文基本上相同）。

圖 4-61　新增 VBA 模組

接著可以在新開啟的視窗輸入剛剛的 ChatGPT Word 提供的程式碼，輸入完成後就會像圖 4-62 一樣：

```
01. Sub InsertTextWithFormat()
02.     Dim doc As Document
03.     Set doc = ActiveDocument
04.
05.     ' 插入文本
06.     doc.Content.InsertAfter " 這是一個使用 VBA 插入的文本。"
07.
08.     ' 設置文本格式
09.     With doc.Content
10.         .Font.Name = "Arial"
11.         .Font.Size = 12
12.         .Font.Bold = True
13.     End With
14. End Sub
```

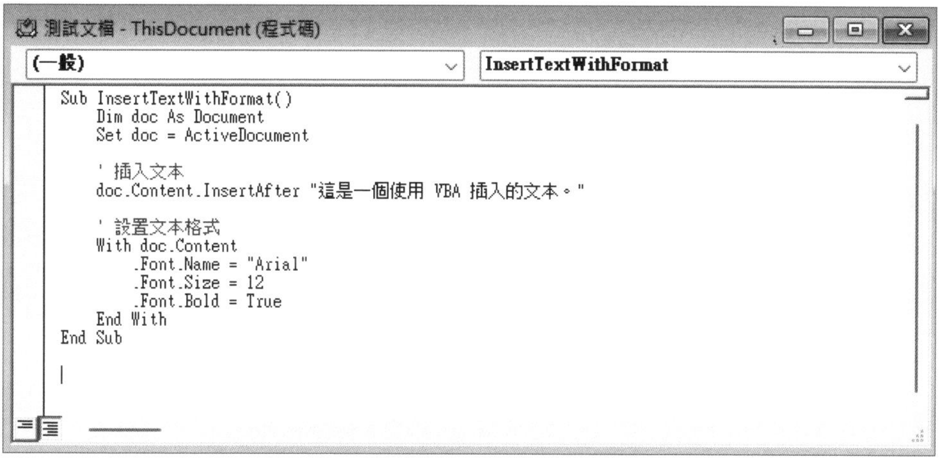

圖 4-62　在 VBA 模組中輸入程式碼

最後接下來按下 F5，就可以將其應用到整份文件中了，如圖 4-63。

可以看到文字字形全部變成 Arial（Font.Name="Arial"），但因中文沒有此字形，所以實際上只影響到英文字形；字體大小皆變為 12（Font.size=12）；字體全部變成粗體（Font.Bold=True）。

神秘的糖果巫婆↵

進入糖果屋後，安娜和湯姆發現這位老婦人其實是一位巫婆。她自稱糖果巫
婆，擅長製作各種奇妙的甜點。巫婆熱情地招待他們，並告訴他們許多神奇的
故事。然而，安娜發現巫婆的眼神有些不對勁，似乎隱藏著什麼秘密。當晚，
姐弟倆偷偷聽到巫婆的計劃，原來她打算用魔法將他們變成糖果，以便永遠留
在她的糖果屋中。↵

智慧與勇氣的逃脫↵

意識到危險後，安娜和湯姆決定逃離糖果屋。他們利用巫婆製作糖果時的疏
忽，偷偷準備了一些簡單的工具。翌日清晨，他們裝作配合巫婆的計劃，卻在
關鍵時刻成功搶走了她的魔杖。巫婆無法施展魔法，只能眼睜睜看著他們逃
跑。姐弟倆最終找到回家的路，並將這段奇幻的冒險故事告訴了家人和村民。
從此以後，他們學會了團結與勇氣的重要性，再也不會隨便迷失在森林裡了。↵

這段奇幻冒險讓安娜和湯姆成為村莊的英雄，也讓糖果屋成為傳說中的故事，
流傳在每個孩子的心中。↵

這是一個使用 **VBA** 插入的文本。這是一個使用 **VBA** 插入的文本。這是一個
使用 **VBA** 插入的文本。↵

圖 4-63　用 VBA 套用後的文件（部分節錄）

小小題外話

基本上 Word 使用 VBA 進行編輯與版面配置的話常常能達到事半功倍的效
果，無奈入門門檻較高，不過現在有了 ChatGPT 之後，這些程式碼的生成與
教學都可以透過命令來讓它達成。

筆者非常推薦 VBA 使用者除了平常在書本與影片的學習之外也可以搭配
ChatGPT 來使用。對於不會的程式可以請 ChatGPT 生成；對於不懂的程式
可以請 ChatGPT 解釋，ChatGPT 能夠成為你自主學習 VBA 的最好幫手！

4.15.3　ChatGPT Word VBA 其他應用

除了簡單的改字體以外，Word VBA 還能夠做到許多不同的事，而這些事情
也都能請 ChatGPT Word 協助處理，對 VBA 有一定程度了解的人就可以靠

著 ChatGPT 再將實力更上一層樓；而對於 VBA 沒有甚麼了解的人也可以靠著 ChatGPT 來對這個東西有一定程度的基礎認識。

接下來我將要再舉一些範例來讓各位更了解 VBA×ChatGPT 的強大之處！

> 因篇幅關係，故此小節只舉例 VBA×ChatGPT 的應用以及僅展示 ChatGPT 的回覆內容。

在這裡我們需要注意和 ChatGPT 對話時我們需要在指令中涵蓋你的 **Word** 的**內容、對於 VBA 操作的要求、希望達成甚麼結果、請教它使用 VBA 達成目的、使用條列式流程來詳細列出操作步驟、以及其他個人要求**（例如提供文檔結構範例、資料夾內檔案路徑範例、用沒有基礎也能聽懂的語氣說明等）。對於指令還是老話一句：越詳細、越**清楚**越好，這樣 ChatGPT 才會給你最精準的回答。

🔷 批量文件處理

你是否對於點開資料夾後發現有成千上萬的 Word 檔案，而每一個檔案都有著五花八門的格式這件事有著濃厚的陰影呢？你是否曾經熬夜加班就為了修改每一個檔案的格式呢？如果有的話，你當初有使用 VBA 來一口氣更改所有檔案嗎？抑或是對於程式語言很排斥而選擇手動更改呢？

不過不用擔心，你只需要使用 ChatGPT 來幫你想辦法就好了！

舉例來說，我輸入：<u>我在範例資料夾中有 20 個 Word 檔案，我想為所有檔案全部統一修改標題一的格式，將字體設定為 20，以及將內文縮排成第一行位移 2 字元。請教我使用 VBA 來達成我要的目的，並使用條列式流程來告訴我做法。</u>

接著你就可以看到 ChatGPT 的回覆，首先它告訴你說這項任務的步驟如圖 4-64：

要達成批量修改多個Word檔案中的標題一格式和內文縮排，可以使用VBA腳本。以下是實現這一目標的步驟和相應的VBA程式碼：

步驟

1. **準備資料夾：**
   將所有需要修改的Word檔案放在同一個資料夾中。

2. **打開VBA編輯器：**
   在Word中按 `Alt + F11` 打開VBA編輯器。

3. **插入新模塊：**
   點擊 `Insert > Module` 插入一個新模塊。

4. **粘貼VBA程式碼：**
   將下面的VBA程式碼粘貼到新模塊中。

5. **運行VBA程式：**
   關閉VBA編輯器，返回Word文檔，按 `Alt + F8` 打開宏對話框，選擇並運行 `BatchFormatDocuments` 宏。

圖 4-64　ChatGPT×VBA 對於批量文件操作的指導步驟

以及它給了一個完整的 VBA 程式碼，如果對於程式碼不理解的話可以再請 ChatGPT 完整解釋每行程式在幹嘛，如果程式碼有錯誤的話也可以**將出現錯誤的地方以及錯誤內容貼給 ChatGPT 請它協助修改**。

```
01. Sub BatchFormatDocuments()
02.     Dim fileDialog As FileDialog
03.     Dim folderPath As String
04.     Dim file As String
05.     Dim doc As Document
06.
07.     ' 顯示選擇資料夾的對話框
08.     Set fileDialog = Application.FileDialog(msoFileDialogFolderPicker)
09.     If fileDialog.Show = -1 Then
10.         folderPath = fileDialog.SelectedItems(1)
11.     Else
12.         Exit Sub
13.     End If
```

```
14.
15.        ' 獲取資料夾中的所有 Word 檔案
16.        file = Dir(folderPath & "\*.docx")
17.
18.        ' 遍歷每個 Word 檔案
19.        Do While file <> ""
20.            Set doc = Documents.Open(folderPath & "\" & file)
21.
22.            ' 修改標題一的格式
23.            With doc.Styles(wdStyleHeading1).Font
24.                .Size = 20
25.            End With
26.
27.            ' 修改內文縮排
28.            Dim para As Paragraph
29.            For Each para In doc.Paragraphs
30.                If para.Style = wdStyleNormal Then
31.                    para.LeftIndent = InchesToPoints(0.25) ' 2 字元對應的英
寸約為 0.25
32.                End If
33.            Next para
34.
35.            ' 保存並關閉文檔
36.            doc.Close SaveChanges:=True
37.            file = Dir
38.        Loop
39.
40.        MsgBox " 所有檔案格式已修改完成 "
41. End Sub
```

🔶 自動生成目錄

生成目錄時主要是依賴 Word 文件中的標題樣式，來對於目錄進行生成。舉例來說我有一個檔案，其中有三種標題，以及一些內文。我很彆扭的不想自己插入目錄，想要讓 ChatGPT 教我用 VBA 生成目錄，順便當作練習 VBA。我就可以說：我的文檔中有 3 種樣式的標題跟內文，請教我如何生成目錄，請條列出操作步驟，跟 VBA 程式範例。生成結果如圖 4-65。

一樣可以看到 ChatGPT 列出詳細流程：

詳細流程

1. **準備文檔：**

   - 打開Word文檔，並確保文檔中包含了3種樣式的標題（Heading 1、Heading 2、Heading 3）和內文。

2. **打開VBA編輯器：**

   - 在Word中按 `Alt + F11` 打開VBA編輯器。

3. **插入新模塊：**

   - 在VBA編輯器中，點擊上方菜單的 `Insert`，選擇 `Module` 插入一個新模塊。

4. **粘貼VBA程式碼：**

   - 將上述VBA程式碼複製並粘貼到新模塊的編輯區域中。

5. **運行VBA程式：**

   - 關閉VBA編輯器，返回Word文檔。
   - 按 `Alt + F8` 打開宏對話框，選擇 `CreateTableOfContents`，然後點擊 `Run` 運行該宏。

這樣，該VBA程式會在文檔的開頭插入目錄，包含所有標題樣式的項目。運行後，可以手動更新目錄，以反映文檔中的所有標題。

圖 4-65　ChatGPT×VBA 對於目錄添加操作的指導步驟

以及 VBA 程式碼：

```
01. Sub CreateTableOfContents()
02.     ' 刪除現有的目錄（如果有）
03.     Dim toc As TableOfContents
04.     For Each toc In ActiveDocument.TablesOfContents
05.         toc.Delete
06.     Next toc
07.
08.     ' 插入新目錄
09.     Set toc = ActiveDocument.TablesOfContents.Add(Range:=
    ActiveDocument.Range(0, 0), _
```

```
10.        UseHeadingStyles:=True, UpperHeadingLevel:=1,
   LowerHeadingLevel:=3, _
11.        UseFields:=False, TableID:="", RightAlignPageNumbers:=True, _
12.        IncludePageNumbers:=True, AddedStyles:="")
13.
14.    ' 更新目錄
15.    toc.Update
16. End Sub
```

這次它甚至也提供了文檔的範例如圖 4-66，包含三個標題樣式以及內文的文檔結構，各位也可以透過它給的範例來確保自己的文檔結構與 ChatGPT 的文檔結構相同。

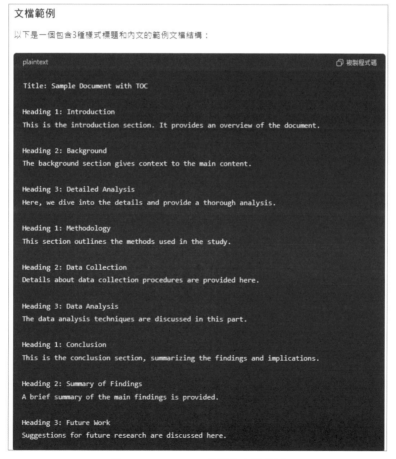

圖 4-66　ChatGPT 提供的文檔範例

圖片插入

如果你覺得整份文檔內都是文字太無趣了，你想新增一些讓人可以放鬆的輕鬆可愛圖片要怎麼辦？一樣還是可以使用 ChatGPT×VBA 來達成，舉例來說我向 ChatGPT 下指令：<u>我有一個 Word 檔案，我想將路徑位於 " C:\path\to\image.jpg" 的圖片固定貼在所有大標題 1 的前面，並將圖片與大標題 1 中間全部插入一個換頁符號，要如何用 VBA 達成，請提供我詳細步驟教學以及 VBA 程式碼範例。</u>

接下來圖 4-67 當然就是 ChatGPT 的回覆啦。

> 請注意，這子章節中的範例都是位於同一個對話中，所以 ChatGPT 有進行對話的記憶，導致所有回覆的格式都很類似，各位若對對話格式不滿意可以多重新生成幾次，遇到滿意的回覆風格與回覆方式，再繼續對話即可。

詳細流程

1. **準備圖片：**

   - 確保您有一個圖片文件，並記住其路徑。例如，圖片文件路徑為 `C:\path\to\image.jpg`。

2. **打開VBA編輯器：**

   - 在Word中按 `Alt + F11` 打開VBA編輯器。

3. **插入新模塊：**

   - 在VBA編輯器中，點擊上方菜單的 `Insert`，選擇 `Module` 插入一個新模塊。

4. **粘貼VBA程式碼：**

   - 將上述VBA程式碼複製並粘貼到新模塊的編輯區域中。

5. **運行VBA程式：**

   - 關閉VBA編輯器，返回Word文檔。
   - 按 `Alt + F8` 打開宏對話框，選擇 `InsertPictureBeforeHeading1`，然後點擊 `Run` 運行該宏。

這樣，該VBA程式會在文檔中每個大標題1前插入指定的圖片，並在圖片和大標題1之間插入一個換頁符號，設置圖片的大小、邊框和格式。您可以根據需要調整圖片的路徑、大小和格式。

◁) ⟲ ⟳ ⬚ ✦∨

圖 4-67　ChatGPT×VBA 對於圖片添加操作的指導步驟

以及不免俗的提供 VBA 的程式碼：

```
01. Sub InsertPictureBeforeHeading1()
02.     Dim picturePath As String
03.     picturePath = "C:\path\to\image.jpg" ' 修改為您的圖片路徑
04.
05.     Dim para As Paragraph
06.     Dim shape As InlineShape
07.     Dim rng As Range
08.
09.     ' 遍歷所有段落，查找大標題1
10.     For Each para In ActiveDocument.Paragraphs
11.         If para.Style = ActiveDocument.Styles(wdStyleHeading1) Then
12.             ' 在大標題1前插入圖片
13.             Set rng = para.Range
14.             rng.Collapse Direction:=wdCollapseStart
15.             Set shape = ActiveDocument.InlineShapes.AddPicture(File
    Name:=picturePath, LinkToFile:=False, SaveWithDocument:=True, Range:=rng)
16.
17.             ' 設置圖片格式
18.             With shape
19.                 .Width = 200      ' 設置寬度
20.                 .Height = 150     ' 設置高度
21.                 .Borders(wdBorderLeft).LineStyle = wdLineStyleSingle
22.                 .Borders(wdBorderLeft).LineWidth = wdLineWidth075pt
23.                 .Borders(wdBorderLeft).Color = RGB(0, 0, 0)
                            ' 設置左邊框顏色為黑色
24.                 .Borders(wdBorderTop).LineStyle = wdLineStyleSingle
25.                 .Borders(wdBorderTop).LineWidth = wdLineWidth075pt
26.                 .Borders(wdBorderTop).Color = RGB(0, 0, 0)
                            ' 設置上邊框顏色為黑色
27.                 .Borders(wdBorderRight).LineStyle = wdLineStyleSingle
28.                 .Borders(wdBorderRight).LineWidth = wdLineWidth075pt
29.                 .Borders(wdBorderRight).Color = RGB(0, 0, 0)
                            ' 設置右邊框顏色為黑色
30.                 .Borders(wdBorderBottom).LineStyle = wdLineStyleSingle
31.                 .Borders(wdBorderBottom).LineWidth = wdLineWidth075pt
32.                 .Borders(wdBorderBottom).Color = RGB(0, 0, 0)
                            ' 設置下邊框顏色為黑色
33.             End With
```

```
34.
35.              ' 在圖片和大標題1之間插入換頁符號
36.              rng.Collapse Direction:=wdCollapseEnd
37.              rng.InsertBreak Type:=wdPageBreak
38.          End If
39.      Next para
40.
41.      MsgBox "圖片已插入並設置格式完成"
42. End Sub
```

真的是很厲害。42 行的程式不到 10 秒鐘就寫出來了，希望人類之後不會被 AI 統治 orz。

◆ 表格插入

因為篇幅有限，我就來介紹今天最後一個應用吧！那就是表格插入。你是否厭煩了每次插入表格都要像機器人一樣重複的輸入文字？如果是的話歡迎你使用 ChatGPT×VBA。

舉例來說我想要新增一個表格範例如下，中間欄位可以留白，但是希望可以將每行每列的標題都自動填寫進去該怎麼辦？除了使用 Excel 以外，也可以使用 Word 的 VBA 腳本來協助新增：

	收入	支出	單價	總價	備註
2024/06/01					
2024/06/02					
...					
2024/06/30					

你可以對 ChatGPT Word 說：我想在 Word 中新增一個 31 行 6 列的表格，其中第一行第一列留白，其餘第一行中填入 2024/06/01 至 2024/06/30 共 30 行，列中分別填入「收入、支出、單價、總價、備註」共五列要如何用 VBA 達成，請提供我詳細步驟教學以及 VBA 程式碼範例。表格要長這樣：【這裡可以放你的簡易表格】。

然後有一個重點要注意！通常純文字輸入的話可能會讓 ChatGPT 不理解你表格中的空間關係，而且中國與台灣對於行與列的定義是相反的，所以這會讓 ChatGPT 錯亂。為了避免這種尷尬的情況，你可以在對話後面將上述的簡單範例表格貼給 ChatGPT Word 讓它有個參考能用！

所以我完整的指令為圖 4-68 這樣，雖然複製表格時格式跑掉是在所難免的，不過 ChatGPT 厲害就在於，即使這樣它還是能理解你的意思並生成正確的結果：

我想在Word中新增一個31行6列的表格，其中第一行第一列留白，其餘第一行中填入2024/06/01至2024/06/30共30行，列中分別填入「收入、支出、單價、總價、備註」共五列要如何用VBA達成，請提供我詳細步驟教學以及VBA程式碼範例。表格要長這樣：　收入　支出　單價　總價　備註
2024/06/01
2024/06/02
...
2024/06/30

圖 4-68　ChatGPT×VBA 對於表格添加操作的命令輸入

在等它生成的時候就去愜意的喝杯咖啡吧！回座位後就會看到回答了。以下圖 4-69 就是 ChatGPT Word 的回覆：

詳細流程

1. **打開VBA編輯器：**

   - 在Word中按 `Alt + F11` 打開VBA編輯器。

2. **插入新模塊：**

   - 在VBA編輯器中，點擊上方菜單的 `Insert`，選擇 `Module` 插入一個新模塊。

3. **粘貼VBA程式碼：**

   - 將上述VBA程式碼複製並粘貼到新模塊的編輯區域中。

4. 運行VBA程式：

- 關閉VBA編輯器，返回Word文檔。

- 按 `Alt + F8` 打開宏對話框，選擇 `CreateTableWithDatesAndHeaders`，然後點擊 `Run` 運行該宏。

這樣，該VBA程式會在Word文檔中插入一個31行6列的表格，並填入2024/06/01至2024/06/30的日期，第一行第一列留白，其餘列中填入「收入、支出、單價、總價、備註」這五個標題。其他單元格則留空。您可以根據需要調整表格的格式和內容。

◁》 ⬓ ⟲ ⬚ ✧﹀

圖 4-69　ChatGPT×VBA 表格生成詳細教學

以及 ChatGPT Word 提供的 VBA 程式碼：

```
01. Sub CreateTableWithDatesAndHeaders()
02.     Dim table As Table
03.     Dim rowIndex As Integer
04.     Dim colIndex As Integer
05.     Dim startDate As Date
06.     Dim dateText As String
07.
08.     ' 在文檔中插入一個 31 行 6 列的表格
09.     Set table = ActiveDocument.Tables.Add(Range:=Selection.Range,
    NumRows:=31, NumColumns:=6)
10.
11.     ' 設置表格的邊框
12.     table.Borders.Enable = True
13.
14.     ' 設置第一行第一列留白
15.     table.Cell(1, 1).Range.Text = ""
16.
17.     ' 填入日期
18.     startDate = DateValue("2024/06/01")
19.     For rowIndex = 1 To 30
20.         dateText = Format(startDate + (rowIndex - 1), "yyyy/mm/dd")
21.         table.Cell(rowIndex + 1, 1).Range.Text = dateText
22.     Next rowIndex
23.
24.     ' 填入列標題
```

```
25.      table.Cell(1, 2).Range.Text = " 收入 "
26.      table.Cell(1, 3).Range.Text = " 支出 "
27.      table.Cell(1, 4).Range.Text = " 單價 "
28.      table.Cell(1, 5).Range.Text = " 總價 "
29.      table.Cell(1, 6).Range.Text = " 備註 "
30.
31.      ' 填入其餘單元格
32.      For rowIndex = 2 To 31
33.          For colIndex = 2 To 6
34.              table.Cell(rowIndex, colIndex).Range.Text = ""
35.          Next colIndex
36.      Next rowIndex
37.
38.      MsgBox " 表格已生成並填入日期和標題 "
39. End Sub
```

筆者在使用時就曾因為沒有提供表格的範本而導致生成結果錯誤，以及程式碼錯誤，如果出現的預期之外的錯誤的話，你可以：

1. **輸入更詳細的資料並重新生成**：這個部分包含但不限於提供範本給 ChatGPT Word 參考、填寫更詳細的指令以及要求。

2. **將任務分割成許多小部分並慢慢生成**：例如今天要做的任務有新增目錄、新增圖片、新增表格、排版等，如果一口氣丟進去 ChatGPT Word 的話，容易造成它錯亂導致生成的 VBA 程式碼存在大量錯誤，此時要除錯則會要花費更多時間。

   此時你可以將新增目錄作為一次指令輸入、新增圖片作為另一次輸入⋯⋯，以此類推，將一個大任務分割成許多小任務，這樣一來出現錯誤比較好處理，二來 ChatGPT Word 也才會更能夠針對重點問題去生成結果！

3. **請教 ChatGPT Word 錯誤如何解決**：你可以針對錯誤的程式碼，通常 VBA 編譯器中會幫你標示出來，將錯誤的程式碼以及錯誤的類型輸入到對話框中向 ChatGPT 求解。

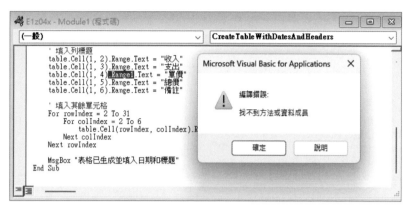

圖 4-70　VBA 程式編譯出現錯誤

由圖 4-70 可以看到 VBA 編譯錯誤時會將錯誤的部分與錯誤的內容標示出來，讓使用者一目了然錯誤的地方以及為甚麼錯，所以根據這個你就可以再去請教 ChatGPT Word。例如我輸入：<u>table.Cell(1, 4).Range1.Text = " 單價 " 出現錯誤：編譯錯誤，找不到方法或資料成員，請告訴我錯誤發生的原因、教我如何除錯以及給我正確的程式碼。</u>

就可以看到如圖 4-71 ChatGPT Word 回覆：

 在 VBA（Visual Basic for Applications）編寫 Microsoft Word 宏時，如果您遇到「編譯錯誤，找不到方法或資料成員」的錯誤，通常表示所使用的物件、屬性或方法在當前的上下文中並不存在或未正確引用。

在您的程式碼中，您嘗試設置 Word 表格中單元格的文字，但可能有幾個地方出了問題。以下是一些排查和修正建議：

1. **檢查物件引用：**
   確保您正確引用了表格物件。如果表格是文件中的第一個表格，您可以使用 `Tables(1)` 來引用它。

2. **檢查單元格引用：**
   使用 `Cell` 方法時，確保行和列索引是有效的。例如，`Cell(1, 4)` 引用了表格的第一行和第四列。

3. **檢查範圍屬性：**
   在 VBA 中，範圍屬性是 `Range` 而不是 `Range1`。

圖 4-71　ChatGPT Word 對於錯誤的解釋以及解決方法

可以看到它說範圍屬性為 Range 而非 Range1，精準解決問題。接下來甚至提供修改過後的結果、說明以及教你排查錯誤的方法，真的很貼心。可以看到程式碼中已經將錯誤的程式碼更正回正確的程式碼了，只需要將**該行錯誤複製貼上**即可。

至於其他部分如圖 4-72 則只是 ChatGPT Word 為了使程式碼完整而做出的假設性的程式碼，純粹用於保護**整段程式碼**的完整性，實際上並無太大用處。你可以想像成電腦記憶體壞掉，所以買了一個新的記憶體，開箱後能看到的在記憶體周圍用於保護的填充物。

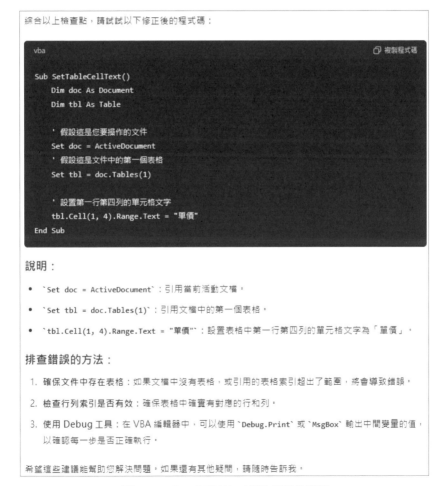

綜合以上檢查點，請試試以下修正後的程式碼：

```vba
Sub SetTableCellText()
    Dim doc As Document
    Dim tbl As Table

    ' 假設這是您要操作的文件
    Set doc = ActiveDocument
    ' 假設這是文件中的第一個表格
    Set tbl = doc.Tables(1)

    ' 設置第一行第四列的單元格文字
    tbl.Cell(1, 4).Range.Text = "單價"
End Sub
```

說明：

- `Set doc = ActiveDocument`：引用當前活動文檔。
- `Set tbl = doc.Tables(1)`：引用文檔中的第一個表格。
- `tbl.Cell(1, 4).Range.Text = "單價"`：設置表格中第一行第四列的單元格文字為「單價」。

排查錯誤的方法：

1. 確保文件中存在表格：如果文檔中沒有表格，或引用的表格索引超出了範圍，將會導致錯誤。
2. 檢查行列索引是否有效：確保表格中確實有對應的行和列。
3. 使用 Debug 工具：在 VBA 編輯器中，可以使用 `Debug.Print` 或 `MsgBox` 輸出中間變量的值，以確認每一步是否正確執行。

希望這些建議能幫助您解決問題。如果還有其他疑問，請隨時告訴我。

圖 4-72　ChatGPT Word 解決錯誤的範例

4. **從網頁資訊以及相關社群求解**：目前 ChatGPT 發展不到幾年，所以相關功能還沒有那麼完整是正常的，即使強如 ChatGPT 也是有一些無法解決的問題（通常無法解決的問題都是很冷門、網路上資訊不多的問題），此時你只能回歸傳統，到社群以及官方文檔中尋求解決方法啦。

5. **山不轉路轉，換個方式**：如果你出現的問題真的是萬中選一完全沒有人可以解決的話，就乖乖認命換個方式吧。不過換方式你也可以尋求 ChatGPT 的幫忙喔！

筆者悄悄話

目前最新的模型 OpenAI o1「號稱」擁有比 ChatGPT 4o 更強大的推理能力，這個模型可以透過複雜的任務進行推理，並解決比以前的科學和數學模型更困難的問題。

希望這個模型可以搭配 ChatGPT Word 等，來更有效地與使用者互動！

4.16　第十四招：法律合約文章協作術

不知道各位是否有閱讀過法律文件，那種將約定的文字化簡為繁後就常常會令人摸不著頭緒，而且這些文件中有時也會潛藏一些文字遊戲以及陷阱，所以在簽屬法律文件時常常會需要借助專業人士的幫助來解讀文件，並看看有沒有風險。

不過現在每個人只要擁有 ChatGPT 的話就可以先請 ChatGPT 來幫你分析看看一份法律文件並提供建議，可謂是相當的方便，這章節我主要想分析法律合約文件**撰寫**以及**分析**的部分。

4.16.1 法律合約文件撰寫

今天你是一間新創公司的老闆，今天和同事一起面試了一位大學剛畢業的社會新鮮人，那人彬彬有禮的談吐以及對自身工作能力的自信心深得你的喜愛。你希望能在這幾天就和那人簽約，不過你並沒有寫過這種法律合約的經驗，公司也沒有閒錢請律師幫忙。所以你決定靠自己撰寫一份合約並和那位面試的人討論簽約的事項，但你看了一些教學還是沒什麼頭緒。

這時候你就該讓 ChatGPT 來幫助你了！你可以請 ChatGPT 提供給你一個範本並和它一起進行後續的協作，通常提供範本你需要輸入一些指令讓 ChatGPT 知道你的需求。通常要包含**文件類型**、**背景資訊**、**主要條款**、**法律規範**以及其他個人的**特定要求**。文件類型就包含勞動合約、租賃合約、保密協議、服務合約，以及相關方面的背景資訊等。例如公司名稱、地址、代表人姓名。

以此例來說，我需要簽訂的是勞動合約（聘請新人）；法律規範就是符合中華民國法律規範（例如勞基法等），其他部分就先暫時空白，但若想準確生成的話背景資訊與主要條款都要盡可能地告知 ChatGPT 喔。也可以丟幾個法律文件範本的內容給 ChatGPT 參考，讓它更明白生成的格式！以此例來說我輸入：請生成一份符合中華民國法律規範的勞動合約，請確保合約內容完整、清晰，並符合中華民國勞動法規範。

接著就能夠看到 ChatGPT 的回覆，首先是合約書的開頭如圖 4-73，以及內文圖 4-74 至圖 4-76：

公司與員工勞動合約書

甲方（公司）：
公司名稱：XYZ有限公司
地址：台北市中正區XX路XX號
代表人：王大明

乙方（員工）：
姓名：李小華
身份證號碼：A123456789
住址：台北市信義區XX街XX號

圖 4-73　ChatGPT 生成的勞動合約開頭

第一條 合約期限
本合約自民國XXX年XX月XX日起生效，有效期限為一年，期滿後如未另行簽訂新約，視為自動延長一年。

第二條 工作內容
乙方之工作職務為行銷專員，主要負責市場分析、廣告策劃及執行等工作。

第三條 工資與福利

1. 乙方每月基本工資為新台幣50,000元整，薪資於每月5日發放。

2. 甲方應依法為乙方辦理勞健保及提繳勞退金。

3. 甲方提供乙方每年10天之有薪假期。

圖 4-74　ChatGPT 生成的勞動合約條款 1

第四條 工作時間

1. 乙方之工作時間為每日早上9點至下午6點，每週工作五天。

2. 如需加班，甲方應依勞基法規定支付加班費。

第五條 保密條款
乙方承諾不得洩漏甲方之商業機密，違反者需賠償甲方因此所受之一切損失。

第六條 解約條款

1. 甲方如有下列情形，乙方可隨時解除合約：
   a. 未支付工資
   b. 工作環境不符安全標準

2. 乙方如需提前解除合約，需提前一個月書面通知甲方。

圖 4-75　ChatGPT 生成的勞動合約條款 2

第七條 爭議處理

如有爭議，雙方同意依中華民國法律處理，並以台北地方法院為第一審管轄法院。

第八條 其他條款

如有未盡事宜，雙方可另行協商補充，本合約一式兩份，甲乙雙方各執一份為憑。

甲方代表人：

簽名：_____

日期：民國XXX年XX月XX日

乙方（員工）：

簽名：_____

日期：民國XXX年XX月XX日 　　　　↓

圖 4-76　ChatGPT 生成的勞動合約條款 3

噹噹，這樣就生成了一份簡單的法律文件。不過還是要請各位檢查此合約並確保其內容符合中華民國法律規範。如果有任何特殊要求或需要進一步修改的部分，也可以隨時和 ChatGPT 說，一起協作並持續修改成更完整的合約。

> **小小題外話**
>
> 即使有了 ChatGPT，但我也不太建議就直接使用 ChatGPT 的版本，通常這種較嚴謹的文件還是要和專業人員充分討論，才能夠盡量避免風險喔！
> 另外，這個範例為了搭配下個小節的內容，在對話前幾次筆者有下指令希望 ChatGPT 後續生成的內容需要帶有不容易察覺的風險，所以或許各位輸入同個指令後生成的內容還是會有一些差別存在。

4.16.2　法律合約文件分析

除了撰寫法律合約以外，ChatGPT 還能夠幫你分析法律合約文件，看看其中是否有甚麼可以修正的以及是否有潛藏的風險在裡面，盡可能地避免不必要的法律糾紛、保障雙方的權益平衡等，以及進一步的完善文件內容。

情境範例

你是一位大學剛畢業的新鮮人，到了一間名為 XYZ 有限公司的新創公司擔任行銷專員，上週你去面試，看著兩位面試官頻頻點頭。你認為你穩操勝券，果不其然過了一周後你就拿到了一份合約，你的老闆說合約看完後有問題跟他說，沒問題就可以電子簽名並傳回去給他了。看著你人生的第一份合約，你不太清楚這份合約背後的重要性以及字裡行間暗潮洶湧的部分。於是你向專業人士求助審閱文件內容，不料對方見你是學生竟獅子大開口的索要高價。你暗自咒罵他希望他永遠賺不到錢，一方面繼續看著文件發呆⋯⋯

還好在大四的時候，ChatGPT 推出了，你曾使用它度過無數個作業趕不出來的寂寞夜晚，這次你也決定求助它。

在使用 ChatGPT 分析法律合約文件時通常會需要上傳文件（文字複製貼上或者上傳 PDF 檔案都可以），並請 ChatGPT **完整分析文件內容**、告知 **ChatGPT 文件種類**（合約文件）、也可以請 ChatGPT **分析潛在風險**，以及其他個人要求例如：**評估合約條款的公平性、確認合約是否符合法律規範、識別合約中的模糊條款**等等。這個範例我們就來看看上個小節中生成的**勞動合約**並請 ChatGPT 分析看看吧！我輸入的指令為：<u>（這邊是複製合約內容的文字部分）。請幫我分析上述勞動合約的文件，檢查合約中的潛在風險並加以說明、評估合約條款的公平性、確認合約是否符合法律規範、找出以下合約中可能存在模糊或不明確的條款，並建議具體的修改意見。</u>

接著可以看到 ChatGPT 的回覆，關於潛在風險、合約條款公平性、法律規範以及模糊或不明確的條款的完整內容，如圖 4-77 與圖 4-78：

合約分析

1. 潛在風險

- **合約自動延長**：合約到期後自動延長可能會使員工無法輕易離職或尋求新工作機會。

- **提前解除通知**：乙方需提前一個月書面通知，對員工來說可能比較不利，尤其在緊急情況下。

- **保密條款**：條款過於模糊，沒有具體定義"商業機密"，可能導致執行困難。

2. 合約條款公平性

- **工資與福利**：提供每月工資、勞健保和有薪假期是合理且符合勞基法規定的。

- **解約條款**：甲方未支付工資或工作環境不符安全標準時，乙方可隨時解除合約，此條款對員工有一定保障。

- **爭議處理**：雙方同意依台灣法律處理並以台北地方法院為第一審管轄法院，對雙方都是公平的。

圖 4-77　ChatGPT 針對勞動合約條款的完整分析 1

3. 法律規範

- 合約大部分條款符合中華民國勞動法規範，提供基本工資、有薪假期、勞健保和勞退金等均符合相關法律要求。

- 需注意的是，"保密條款"需更具體以確保合法性和可操作性。

4. 模糊或不明確的條款

- **保密條款**：應具體說明哪些信息屬於商業機密，並描述違反條款的具體後果。

- **解約條款**：可以進一步詳細描述"工作環境不符安全標準"的具體情況，以避免爭議。

圖 4-78　ChatGPT 針對勞動合約條款的完整分析 2

並且也有給出關於此合約的修改建議，做為參考或者後續談合約的建議。

◆ ChatGPT 提出的修改建議

- **合約期限**：本合約自民國 XXX 年 XX 月 XX 日起生效，有效期限為一年。期滿後如雙方無異議，合約自動延長一年，最長可延長兩次。

- **提前解除通知**：乙方如需提前解除合約，需提前一個月書面通知甲方。若有特殊情況，經雙方協商後可縮短通知時間。

- **保密條款**：乙方承諾不得洩漏甲方之商業機密，商業機密包括但不限於甲方的業務計劃、客戶名單、財務資訊和市場策略等。違反者需賠償甲方因此所受之一切損失，賠償金額以雙方協商為準。

- **解約條款**：甲方如有下列情形，乙方可隨時解除合約：

  a. 未支付工資超過一個月。

  b. 工作環境不符安全標準，包括但不限於缺乏必要的安全措施或設備。

- **爭議處理**：如有爭議，雙方同意依中華民國法律處理，並以台北地方法院為第一審管轄法院。

可以看到 ChatGPT 在分析這些文件也是有一定程度的能力的，不過最終還是建議交由法律專業的人士來確認這些合約內容是否 ok。

其他 AI 在文件協作中
常用的應用

> 會使用更多的工具，在面對各種情況就可以優雅的解決問題。

上一章節我們介紹了用 ChatGPT 來解決許多文件上常用的協作應用，不過如果當你的額度用盡，而又還不太想花錢購買完整版的話要怎麼辦呢？這時候就要去多認識幾個應用啦，若工作量很大或者玩太久 ChatGPT 把 4o 的額度用完的話（如圖 5-1 所示），在等待 ChatGPT 4o 的額度補充時就可以先用其他 AI 工具來協助處理工作。

目前 AI 應用如雨後春筍般地冒出來，然而因個人能力有限，雖然測試了許多模型，但也只能挑選出幾個筆者個人常用的模型。各位若有其他想法或喜愛的模型也可以寫信告知我，未來若這本書有機會再版我會再斟酌修改、新增一些部份。

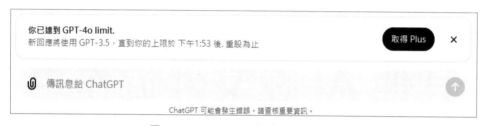

圖 5-1　ChatGPT 4o 額度用盡的提示

學｜習｜目｜標

這章希望各位可以從中了解到，其他 AI 工具在文件製作上與文本撰寫上能夠有什麼樣的應用。

▶ 認識 Copilot、GenApe AI、HIX.AI 的介面。

▶ 認識這些工具面對不同任務中所擁有用於專門解決特定問題的功能。

▶ 學會這些工具對於文章生成的應用，以及各種專門的應用，例如 Copilot 能夠協助上網找資料再將結果整理給使用者、HIX.AI 不需要切換分頁就可聊天、GenApe AI 可以生成圖片。

5.1 使用 Copilot

Copilot 是微軟與 Open AI 合作的 AI 工具，其建立在 GPT 3.5 與 GPT 4 的基礎上，其使用方法與 ChatGPT 其實差不多，不過 Copilot 可以免費生成圖片，也可以使用不同的風格來生成文字，甚至 Copilot 還能夠根據你的問題上網查詢相關資料並回答你，而最後它也會將參考資料網站附上，可以讓使用者更進一步的查詢網頁資訊。

5.1.1 Copilot 使用方式

至於如何使用，且看下面步驟說明：

(1) 使用 **Microsoft Edge** 也就是 Bing 瀏覽器登入 Bing AI 也就是 Copilot 如圖 5-2，注意因為這個 AI 是微軟的產品，所以一定要使用 Bing 瀏覽器。

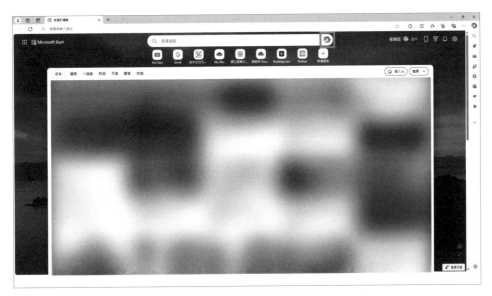

圖 5-2　Microsoft Edge 首頁，可以看到很多廣告

(2) 之後可以看到搜尋欄位旁邊有一個彩色的東東，點進去就是 Bing AI
（Copilot）了，不過在使用這項服務之前請記得要登入帳號喔。

5.1.2 Copilot 介面介紹

Copilot 的介面也有許多功能，以下我將一個一個介紹，請搭配圖 5-3 服用。

(1) **對話框**：與 ChatGPT 一樣，幾乎所有 AI 工具都必須具備對話框才能建立人
類與 AI 之間的溝通橋樑。

(2) 可以選擇 **Copilot** 的回覆風格，由左到右分別為**富有創意、標準、精確**，這
三個風格差異就是。

- **富有創意**：回覆內容比較天馬行空，會有很多新奇的回覆，不過回答會比
較不準確。例如，你問外太空有甚麼生物它可能會回答獨角獸之類的。

- **標準**：就是比較平衡的模式，它也是預設的語氣。

- **精確**：回覆內容會比較精確，但會將回答變的比較簡潔。

(3) **開啟新對話**：若對話結束後就可以開啟新對話，而這段舊的對話會保留在**最
近的項目**中。

(4) **一些相關條款以及升級按鈕**：若你很喜歡 Copilot，你可以升級成 Plus，新用
戶可以免費使用一個月，而一個月過後則每個月都要支付 20 美金。

(5) **搜尋欄位等**：這邊值得一提的是筆記本欄位，點進去後可以看到一些設定
可以讓你跟 Copilot 進行共同作業。與對話有些微的不同，共同作業就是讓
Copilot 和你一起工作，在這裡你需要很詳細的說明一些工作細節並讓 Copilot
生成更貼合需求的結果。

(6) **中英文切換與個人帳戶**：這個比較淺顯易懂，就不解釋了。

(7) Copilot 工具：這邊可以使用各種不同的 Copilot 工具，分別有以下幾項。

- **Designer**：它使用 DALL-E3 來生成 AI 圖片。可以和它對話並獲取關於設計圖片的建議。

- **Vacation Planner**：這個可以幫助你規劃度假的行程、地點等。

- **Cooking Assistant**：若你想要獲取食譜或者一些烹飪的建議就可以使用這個 Copilot GPT。

- **Fitness Trainer**：它可以幫你規劃健身的一些建議。

當然還有許多 Copilot GPT 可以使用，不過基本頁面上就是這幾項工具了。

(8) 最近的項目：開始聊天後就會將這段對話儲存在這裡，若之後有需要的話可以再回來查看或者繼續對話。

(9) 個人化開關：可以設定生成內容是否需要套用個人化回覆。

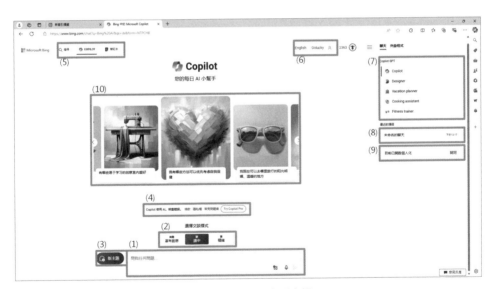

圖 5-3　Copilot 介面介紹

5.1.3 Copilot 使用範例

情境範例

你是公司中少數會寫 Python 的大佬，今天在你寫了一天的程式，努力將公司軟體的錯誤都除掉了，而在你付出了努力熬到快下班的時候，主管突然跑過來跟你說公司希望提升職員的水平，從今以後要拜託你教學其他職員 Python 的基本知識。而你聽到這段話之後先是暈眩了一下，而後為了那微薄的加薪開始打開 Word 準備開始寫教學檔案，正想要依靠 ChatGPT 的時候，你發現 GPT 4o 的額度在你早上寫程式的時候已經用完了，你只得靠自己開始絞盡腦汁思考課程大綱……

接下來，換輪到 Copilot 超人登場了！

和 ChatGPT 用法基本上大同小異，你只需要在對話框中輸入個：我想要教對 Python 零基礎的人基本的 Python，預計花費兩個月八堂 1.5 小時的課，預計教到類別這個概念，請幫我規劃課程大綱。其中包括了**教學對象、教學時間、預計教到的部分**（沒說的話 Copilot 可能不知道要教到哪），**目的**也就是規劃課程大綱。

以下圖 5-4 與圖 5-5 為 Copilot 的回應：

Copilot

✓ 正在為您產生解答…

當然，我很樂意幫助您規劃Python課程大綱！以下是一個基礎的課程大綱，您可以根據需要進一步調整：

1. **Python簡介與開發環境設定**

   ○ Python簡介

   ○ Python的優勢

   ○ 安裝Python開發環境

   ○ 設定Python開發環境

- 執行與測試Python程式

2. **Python基礎**

- 縮排及區塊結構
- 變數及其設定
- 運算式、字串、數字、None值
- 取得使用者的輸入
- 內建算符
- 基本Python風格與命名慣例

圖 5-4 　Copilot 教學課綱生成（部分節錄）

10. **資料科學套件的基礎：Pandas**

- Pandas套件的基礎
- DataFrame及Series的基本操作

11. **資料科學套件的基礎：Numpy**

- NumPy的基礎
- NumPy基本運算函式

12. **資料視覺化套件的基礎：Matplotlib**

- 繪製折線圖 (plot chart)
- 繪製長條圖 (bar chart)
- 繪製直方圖 (histogram chart)

13. **期末考**

- 檢視整個課程學生的學習成效

深入了解　1　selquery.ttu.edu.tw　2　una.study　3　nabi.104.com.tw　4　train.csie.ntu.edu.tw　+2 更多

謝謝！這很有幫助。　我想知道更多關於Python的資源。　你能給我一些教學材料嗎？

圖 5-5 　Copilot 教學課綱生成（部分節錄）及參考資料

可以看到 Copilot 生成了一份完整課綱，不過因為篇幅關係再加上中間內容並非重點，故只節錄部分內容。另外從圖 5-5 可以看到底下**深入了解**的部分還會再附上一些相關的參考資料給各位延伸學習。甚至底下還會有候選回答可以讓使用者快速使用，例如看完回答我們想知道還有甚麼資源就可以點選：<u>我想知道更多關於 Python 的資源</u>。如圖 5-6 底下來進一步的和 Copilot 對話。

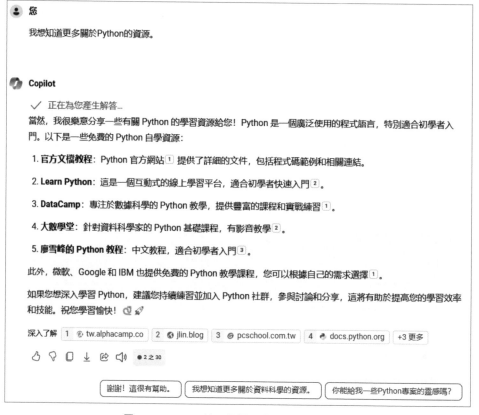

圖 5-6　Copilot 使用候選回應進一步對話範例

很貼心吧，Copilot 怕我們不知道如何繼續詢問，也給了一些候選的回覆讓我們選擇並且進一步地為你解決問題，雖然到最後看來像自彈自唱就是了 XD 理論上第四章所有的應用也都能用 Copilot 來解決喔，所以使用者就可以根據自己的喜好來選擇模型，或是都使用並且交叉比對。

5.2 使用 GenApe AI

這個模型也是筆者用過後覺得不錯的 AI 應用之一，它提供了簡潔的介面讓使用者容易上手，這個工具因為將功能都細分出來，在使用上你無須再輸入繁瑣的指令來讓 AI 進入狀況。不過缺點也很明顯，那就是沒辦法應用太廣泛的任務，不過對於單純處理文件，文字生成的應用來說，GenApe AI 已經非常足夠了。接下來就來看看要如何使用吧！

5.2.1 GenApe AI 註冊

1. 進入 GenApe AI 的網頁 https://www.genape.ai/zh-hant/

2. 接著你會看到右上角有登入和註冊按鈕，如圖 5-7。這個應用的註冊很簡單，筆者推薦直接用 Google 帳號登入即可，若有其他考量的話使用電子郵件註冊也不是不行。若已經有帳戶的話直接按登入就好了，登入後網頁會跳到功能頁，如果已經有登入的話按下開始免費生成也會跳到功能頁。

圖 5-7　GenApe AI 主頁

5.2.2 GenApe AI 功能

跳到功能頁後你會看到琳瑯滿目的各種功能，左邊有著一些功能。

◆ AI 文件編輯器

它可以直接在線上進行文件的編輯，不單單只是文字喔，連圖片都可以順便生成並讓你在線上進行排版，也可以將英文文件翻譯成中文，反之亦然，非常強大，是各位在辦公室處理文件的好幫手！

從圖 5-8 就可以看到在文件編輯上還能夠幫助你選擇要生成的文章種類，且種類也是非常多元，各位可以根據需求去試試看生成特定文字！

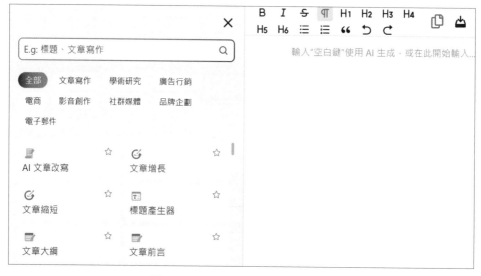

圖 5-8　GenApe AI 文件編輯器頁面

⬢ AI 文字工具

這也是功能頁面的預設主頁,這邊可以看到有非常多文字工具,基本上在第四章的所有招式都有涵蓋到,除此之外還有更多細化的功能。且目前仍然有在持續更新,新增了更多生成功能。目前主要的大方向包括但不限於**文章寫作、學術研究、廣告行銷、電商、影音創作、社群媒體、品牌企劃**,以及**電子郵件**等,十分全能!

圖 5-9　GenApe AI 文字工具功能頁

⬢ AI 圖片工具

這個功能顧名思義主要是用於圖片生成的一些功能,目前功能有:

* **AI 文字生圖片**:這個應該是最廣為人知的應用了,當初 Stable Diffusion 出來也是轟動了整個世界,只需要輸入文字就可以讓 AI 幫你畫出符合文字描述的圖片,而且還非常精緻。當初有許多人聽到這個強大的功能都迫不及待跑去玩了吧(我也是其中之一),但是 ChatGPT 出來後 Stable Diffusion 鋒頭似乎就被搶光了 TT。

話說回來，現在 GenApe AI 也有提供這個服務了，請看圖 5-10，可以看到基本上可以**透過對話框告訴 AI 你想生成甚麼圖片**，甚至描述寫得不好還可以**靠 AI 再來幫助你增強你的描述** XD 功能真的非常全面。不會畫圖可以用命令請 AI 畫圖，命令下不好 AI 還會幫你一條龍服務到家。此外如果你有一些理想中的圖片但不知如何描述的話，你還可以提供給它參考圖片，讓它可以根據你的**參考圖片風格生成對應的照片**，沒有參考圖片也沒關係，GenApe AI 有一些範例可以提供給使用者。除此之外也可以控制其生成圖片的數量、圖片大小、以及生成風格，可謂是強大的應用。

最後在底下你也可以看到最新、最熱門的圖片生成應用，這些都是其他用戶的生成結果，你也可以去看看其他人的生成結果如何！

圖 5-10　GenApe AI 文字生圖片頁面

● **AI 換背景**：這個功能在筆者撰寫這部分文章時僅僅是測試版，不過從網頁預覽可以看到，這個功能可以框選主要物體並將其保留下來，其他背景可換成你所想要的背景。

使用方法只需將圖片拖曳到畫面中類似雲的符號那裏，接著就可以選擇想要的背景進行換背景，若沒有圖片但想測試的話也有試用的圖片可以使用，筆者認為這些功能真的相當貼心。

圖 5-11　GenApe AI 背景置換功能頁面

- **AI 圖片修復**：如果今天拍照時手晃到導致圖片變模糊怎麼辦？沒關係，GenApe AI 都幫你想好了，你可以使用它們的 AI 圖片修復來修復模糊的照片或者提高圖片的解析度。更厲害的是，提高圖片解析度圖片還不會失真，更多圖片的細節也生成的栩栩如生。

  使用方式和換背景一樣，只需要拖曳圖片之後就可以直接進行修復了，圖片修復生成完畢之後可以根據情況下載 jpg 檔案或者 png 檔案，生成結果也會告訴你原始圖檔與新圖檔的解析度各為多少。

圖 5-12　GenApe AI 圖片修復功能頁面

● **AI 換臉**：最後就是之前曾鬧出風波的 AI 換臉了，這種黑科技能夠將人臉換到其他地方去，且 AI 換臉的結果甚至可以以假亂真，使得這項技術存在一些倫理道德問題。GenApe AI 在 AI 換臉應用中也是一樣，目前筆者撰寫這篇文章時仍然是測試版，你可以選取換臉後的效果，並且再將要換臉的圖片拖曳上傳，讓 GenApe AI 來幫你生成結果圖片。

小小題外話

目前 AI 換臉存在一些倫理道德問題，本書旨在介紹這些功能，不希望讀者利用這些科技去從事違法行為。若讀者想進行測試也務必徵求換臉對象的同意，並儘可能的不要將生成結果拿去誤導他人。若讀者將本書介紹內容作為犯罪行為，所有相關法律責任由該行為人自負。

圖 5-13　GenApe AI 換臉功能頁面

- **生成紀錄：** 在這裡你可以看到無論是圖片或者文字，GenApe AI 為你生成的生成紀錄（圖 5-9 左下方）。

- **價格方案：** 若你試用過後很喜歡 GenApe AI，你可以考慮付費，付費分為訂閱制與儲值制，根據不同的付費方案你可以獲取到不同長度的生成限制。底下也有不同付費方案對於整個 GenApe AI 服務的差別比較，若有興趣要購買完整版可以先仔細比較各種方案的差異，再考慮要購買的款項（圖 5-9 左下方）。

最後這個頁面底下也會有購買的常見問題與解答，各位若有問題不妨過來看看。

以上就是關於 GenApe AI 的介紹了，若各位有興趣的話不妨來照著接下來要介紹的範例，一起動手試試看這個 AI 服務喔。

5.2.3 GenApe AI 範例一文字生成

情境範例

你是一間速食餐廳的老闆，這裡一切你說的算，不過你的事業正處於剛起步的狀態，資金還尚未充足。為了廣招客群、為了業績，你需要想盡一切辦法在各大平台上進行第一步的宣傳，你打算先寫出一個吸引人的廣告標語，但是你大學並不是讀廣告相關的科系，並不知道如何寫出吸引人的廣告，所以你看似又陷入了絕境……

這時候可以輪到 GenApe AI 登場了，現在就讓 ChatGPT 好好放個假吧，首先打開功能頁面，並找到**廣告行銷**部分。如圖 5-14。

圖 5-14　GenApe AI 廣告行銷部分

接著你可以選擇一個喜歡的功能，以此例來說我選擇 **FB Ads 主要文字**，點進去後需要填寫**公司 / 產品名稱**，以及**產品描述、風格、創意程度、生成個數、生成語言**，也可以調整**是否開啟網路即時資訊**，讓生成結果能參照網路上的即時狀況。

比較重要的項目分別有以下幾個。

- **風格**：也就是根據你的需求來調整生成文章的寫作風格，有許多風格可以選擇，也可以自定義自己需要的風格。

- **創意程度**：透過調整創意程度，可以讓你的生成文章產生許多變化。

- **生成語言**：除了繁體中文輸出以外，你也可以選擇各種語言的輸出，讓輸出的結果不需要再額外經過翻譯。

以此例來說，我的公司 / 產品名稱是「好好吃速食店」；產品描述是：以便宜的速食，多樣的選擇，讓每樣食物都可以在你的味蕾中留下難以忘記的滋味。目前加入新會員即可享受漢堡買一送一的優惠卷五張。風格為「引人入勝」；創意程度為「最佳」；生成個數為「2 個」用於比較不同廣告標語並在靠自己修改萃取出最好的結果；生成語言當然就是「繁體中文」了，操作內容如圖 5-15。

圖 5-15　GenApe AI 的 FB Ads 主要文字使用範例

接下來就來看看生成結果如何吧！

新的生成結果　　　　　　　　　　　　　　　　　　　　　　🗑　⏏ Share

🍔 好好喫速食店 🍔
品質保證，風味獨特！以優惠價格，多樣選擇，滿足你挑剔的味蕾。現在加入新會員，即送你5張漢堡買一送一的優惠券。不只是速食，更是美味的享受！快來好好喫速食店，品味一口難以忘懷的滋味吧！
🍔 🍟 🥤
#好好喫速食店 #速食 #美味 #優惠 #漢堡買一送一 #品質保證

🌐 **參考來源**
1.漢堡買一送一、炸雞62折！麥當勞、肯德基、摩斯漢堡等全台8大速食 ...
2.最低17元開吃！5家速食「買一送一」優惠，必搶麥當勞薯條
3.免費麥當勞麥克雞塊，「月底救星」速食優惠快吃。|美食 - 窩客島
4.4家速食店優惠一次看！麥當勞「開春優惠券」加一元多一件
5.速食狂歡祭！麥當勞、肯德基「買1送1」7家限時優惠一次看
6.選舉日8家速食優惠懶人包！麥當勞推12款買一送一摩斯漢堡出《航海 ...
7.今起開吃！3大速食店「買1送1」漢堡、雞塊、薯條通通有跨年優惠快收

📋 📁 👍 👎　　　　　　　　　　　　　　　　　　　　　a few seconds ago

☆ 好好喫速食店 🍴
讓你的味蕾感受美食饗宴！我們提供便宜又多樣的速食選擇，讓你品嚐到難以忘懷的滋味。現在加入我們的新會員，即可獲得漢堡買一送一的優惠券五張！別錯過這個絕佳的機會，快來好好喫速食店品味美味吧！🍔 🍟 🥤
(65 words)

🌐 **參考來源**
1.漢堡買一送一、炸雞62折！麥當勞、肯德基、摩斯漢堡等全台8大速食 ...
2.最低17元開吃！5家速食「買一送一」優惠，必搶麥當勞薯條
3.免費麥當勞麥克雞塊，「月底救星」速食優惠快吃。|美食 - 窩客島
4.4家速食店優惠一次看！麥當勞「開春優惠券」加一元多一件
5.速食狂歡祭！麥當勞、肯德基「買1送1」7家限時優惠一次看

圖 5-16　GenApe AI 的 FB Ads 生成結果

可以看到圖 5-16，因為是速食店，所以想當然爾參考了一些有名的連鎖速食店。除此之外生成結果的最底下，如圖 5-17 也有**為您推薦**的一些其他生成工具，可以讓你經過多方嘗試後，去做出獨一無二專屬於你的結果。

圖 5-17　GenApe AI 生成結果後的推薦相關應用

你可以將文本進行複製、新增到工作區中，來方便各位進行工作以及整理結果，綜上所述我們可以發現其實 GenApe AI 對於各大使用者來說是一項非常容易入門的工具，因為你不需要再去學習如何對 AI 下指令，可以直接選擇你所需要的功能並直接使用，對於現代人來說是一大福音啊。

5.2.4　GenApe AI 範例─圖片生成

情境範例

萬歲，你終於搞定了你的廣告詞，現在只差一張吸引眼球的圖片了。但你想到你似乎沒有美術細胞，小時候上美術課時還把「我的媽媽」畫成了「牛頭馬面」。看來要自己製作廣告圖片是不可行的，委託別人製作的話想必你那乾扁的錢包是不會同意的。這時你看著電腦中關於你自己設計的速食店圖片，好端端的速食店變成了阿鼻地獄，你的腦袋快爆炸了⋯⋯

但你想起來你有買《即學即用！精選 30 招辦公室超高效 AI 生產術：使用 ChatGPT × Copilot × Word × Excel × Gamma，從 AI 小白躍升職場霸主（iThome 鐵人賽系列書）》這本書，你決定打開來看看這本書如何教會你簡單生成圖片的！

首先你需要到 GenApe AI 中找到 **AI 文生圖**這個地方，進入如圖 5-18 的這個頁面。

圖 5-18　GenApe AI 文生圖應用

接著可以看到如圖 5-10 上方的文字輸入介面，接著我們只需要輸入：<u>主視覺為</u>
<u>兩個漢堡並排的圖片，顯現出買一送一的感覺。漢堡的食材由後方散射出來，顯</u>
<u>現出漢堡的美味程度以及食材的新鮮程度。</u>之後按下生成即可。

 筆者悄悄話

你可以透過參考一些你喜歡的圖片來控制生成，並且我會建議多生成幾張照
片用於比較，更改風格也是不錯的選擇，以此例來說我用了電影風格。

但請注意不要違法使用他人的圖片。

可以看到它生成了兩種圖片如圖 5-19，如果你不喜歡的話，可以再繼續針對你輸入的內容新增要求。或是你覺得寫得不好你可以按下**增強你的描述**按鈕來將輸入的指令轉化為更精確的用法。

圖 5-19　GenApe AI 文生圖結果範例

使用增強描述過後提示字會變成英文的，這是因為一些圖片生成的 AI 以及大部分能夠對話的 AI 對於**英文的理解能力比對於中文的理解能力還要強很多**，所以使用英文指令通常可以生成更準確的結果。

按下增強描述後可以看到指令變成了（The main focus of the image is two hamburgers placed side by side, giving the impression of a buy-one-get-one-free offer. The ingredients of the burger are scattered behind them, emphasizing their deliciousness and freshness.）而生成結果雖然沒什麼改變如圖 5-20，但有時候可能會因為文字不同而造成一些落差，各位也可以去體驗看看喔。不過，要注意不要因為圖文不符或者與實際成果落差太大，導致惹禍上身。

圖 5-20　GenApe AI 描述增強生圖結果範例

以上就是一些 GenApe AI 的範例啦，因為篇幅有限所以就挑選一些應用來介紹了，各位有興趣的話歡迎到 GenApe AI 這邊逛逛看，體驗看看它的強大喔！

5.3　使用 HIX.AI

HIX.AI 也是一個蠻厲害的應用，不過它的免費額度比較少，可以考慮情況斟酌使用，那它最大的優點就是擁有 Google 擴充的功能，所以可以很方便不用切換螢幕就能夠和 AI 溝通。

打開想查詢的網頁後只需要按下右方的圖示如圖 5-22，或者按下 Ctrl+P 就可以打開視窗了。注意，瀏覽器初始畫面並不會出現這個圖示喔！

圖 5-21　在網頁中右方的 HIX.AI 圖標

可以看到打開後網頁右方會出現 HIX.AI 的對話介面，接下來我將介紹這些初始介面的功能。

5.3.1　HIX.AI 介面介紹

HIX.AI 開啟之後可以看到如圖 5-22 的初始介面，事不宜遲就讓我來介紹這些基本介面吧！

(1) 對話框：這個就是每個對話 AI 都必須要有的部分，應該不用多解釋了吧。

(2) 功能選擇：可以從透過網頁閱讀、與文件聊天、與網頁聊天來選擇互動方式，換句話說 HIX.AI 可以閱讀網頁、閱讀文件來提取內容後再和使用者進行對話。

(3) 升級選項：如果想要解鎖購買完整版的話，可以考慮升級。

(4) 模式選擇：可以透過聊天與寫作的模式切換來使用不同功能。

圖 5-22　HIX.AI 初始介面

5.3.2 HIX.AI 範例—閱讀網頁

如果你需要閱讀網頁並整理相關資訊的話，除了像 4.8 章節介紹的將文字複製到 AI 中整理，你也可以透過 HIX.AI 來幫你整理整個網頁。

只需要點擊〔功能〕選擇最左邊的〔透過網頁閱讀〕，就可以閱讀當前網頁並幫你進行摘要總結整理。不過要注意的是，通常 HIX.AI 會以英文回覆問題，所以必須先下一個 prompt 來讓它知道接下來對話皆**須用繁體中文**，需要在對話框中輸入：<u>請用繁體中文和我進行對話，如果你了解請回答「了解」。</u>

請它回答了解只是為了節省回覆的免費額度，免費版的話回覆字數會有上限，所以能盡可能回答得少就要節省囉。接下來按下透過網頁閱讀就可以請它整理這個網頁的摘要了，如圖 5-23。

圖 5-23　按下透過網頁閱讀即可閱讀當前網頁

可以看到它對網頁進行重點摘要如圖 5-24，並且也有產生一些候選回答要給使用者使用。

圖 5-24 閱讀網頁之後的摘要整理

是不是很方便啊？不需要跳到另一個視窗就可以直接從網頁中摘要出重點。在面對需要閱讀許多網頁，或者需要頻繁閱讀各種文章的人就可以很方便地和 AI 進行協作。

5.3.3 HIX.AI 介紹─文章寫作

將模式選擇切換到**寫作**之後就可以看到 HIX.AI 有非常多的文章寫作應用如圖 5-25，和 GenApe AI 一樣涵蓋許多功能，讓使用者可以直接使用，大大降低了使用難度與提升了便利性。

接下來我將簡單介紹其涵蓋的功能，因為和 GenApe AI 有蠻多相似度，所以就不仔細介紹了。可以看到寫作功能中有非常多的分類，而每個分類底下還有非常多的工具可以給各位使用者去應用。

有興趣的話可以購買完整版之後去體驗看看，否則免費的額度僅僅只能生成 500 個字元而已，非常非常少。

圖 5-25　HIX.AI 寫作功能介紹

Note

ChatGPT 在 Excel 中的協作應用

> **ChatGPT×Excel，讓你在處理圖表文件時立於不敗之地。**

當我們談到辦公室的軟體時，Excel 絕對是不可或缺的一部分。但有時，面對龐大的數據表格和複雜的公式，我們難免會感到頭痛 TT。這時候，ChatGPT 就像一位不支薪的得力助手（除非你買完整版，它就變成月薪 20 美元的助手 XD），幫我們輕鬆解決問題。

想像一下，你是一個大公司的小職員，正在整理一個銷售報告，但數據繁多，多到你公司的老舊電腦打開檔案就會先卡個五分鐘，不知從何下手。這時候，你只需打開 ChatGPT，輸入你的問題，它就會給你一個清晰的解答，甚至可以生成完整的公式和步驟，讓你輕鬆完成工作。

這些 AI 工具的強大已經在前面都體驗過了嗎？接下來，ChatGPT 也要一如既往地發揮高超的戰力了！

學｜習｜目｜標

這章希望各位可以從中了解到 ChatGPT 在 Excel 協作上常會用到的應用。

▶ 使用 ChatGPT 來生成 Excel 公式。

▶ 使用 ChatGPT 對錯誤的公式進行除錯。

▶ 讓 ChatGPT 來教你生成圖表。

▶ 使用 ChatGPT 來針對資料進行分析。

▶ 使用 ChatGPT 協助用戶使用 Excel VBA。

6.1 第十五招：Excel 公式生成術

說到 Excel 各位一定都耳熟能詳的就是它的公式了吧！各種公式能夠讓以往要花費大量計算時間才能搞定的工作瞬間就完成了。這項方便的技術也大幅度的改變了人們的生活，不過美中不足的是，要學會使用這項技術需要花費很多時間去學習去記憶那些公式的寫法。在職場中看到那些大佬們用著熟練到令人心疼的速度快速地打出公式完成工作、用未曾看過的公式解決各位的疑難雜症時，不知道各位是否有從心中升起一股崇拜的心情呢？不過現在你也可以隨時隨地呼叫 ChatGPT 這位大神來幫你解決問題了！

情境範例

身為剛入職場的新鮮人，你戰戰兢兢的在自己崗位上堅守自己的本分，完成了上司交代給你的任務，在等待上司回覆的期間，你難得可以享受這須臾的寧靜。不過你旁邊的同事似乎喜歡欺負新人，見你完成任務後在享受小確幸時，他將他的工作一甩交代你完成，「這項工作就是讓你學習個經驗而已，學會了你才能更得到上司的青睞」。說完這句討人厭的話後，就藉著尿遁跑了。你嘆了口氣，看了一下內容，是要使用 Excel 計算總收入、所有銷售人員的銷售數量，於是你召喚出了 ChatGPT 來……

使用 ChatGPT 確實可以幫助你快速地寫出你所需的公式，以下圖 6-1 為一個範例的檔案，我們需要完成下面的表格。

	A	B	C	D	E	F	G
1	日期	銷售人員	產品	銷售數量	單價 (NT$)	總收入 (NT$)	獎金 (NT$)
2	2024/1/1	David	產品A	12	500	6000	300
3	2024/1/11	Charlie	產品C	8	700	5600	280
4	2024/1/10	Charlie	產品B	4	300	1200	60
5	2024/1/5	Charlie	產品C	18	700	12600	630
6	2024/1/8	Bob	產品B	16	300	4800	240
7	2024/1/7	Charlie	產品B	11	300	3300	165
8	2024/1/9	Charlie	產品B	9	300	2700	135
9	2024/1/5	Charlie	產品A	5	500	2500	125
10	2024/1/2	Alice	產品A	8	500	4000	200
11	2024/1/6	David	產品A	16	500	8000	400
12	2024/1/4	Bob	產品C	17	700	11900	595
13	2024/1/9	Bob	產品A	20	500	10000	500
14	銷售人員	銷售總數量	獎金總額	產品名稱	銷售總數量	銷售總收入	
15	Alice			產品A			
16	Bob			產品B			
17	Charlie			產品C			
18	David						

圖 6-1　Excel 範例檔案內容

首先我們可以將這些表格內容，也就是送入有資訊的部分例如 A1~G13 即可，如果檔案過大其實送入大約 10 列的內容也可以，將這些內容送到 ChatGPT 中並輸入對應指令，這些指令需要包括**表格的部分內容**、**目標**以及**內容條件**，最後請 ChatGPT **生成對應公式**，若希望的話也可以請 ChatGPT **針對公式進行講解**（比這者測試了幾次，有時候 ChatGPT 會使用英文回答，所以可以再新增一個要求就是**使用繁體中文回答**）。例如我說：（**這邊是試算表內容**）。我希望可以在 B15 這格計算出 B2~B13 欄中 Alice 的銷售數量（D2~D13 欄），請你給我可以達成需求的 Excel 公式，並用繁體中文教導我這項公式的用法。如圖 6-2。

日期　銷售人員　產品　銷售數量　單價 (NT$)總收入 (NT$)獎金
(NT$)
2024/1/1 David 產品A 12　500 6000　300
2024/1/11　Charlie　產品C 8 700 5600　280
2024/1/10　Charlie　產品B 4 300 1200　60
2024/1/5 Charlie　產品C 18　700 12600　630
2024/1/8 Bob　產品B 16　300 4800　240
2024/1/7 Charlie　產品B 11　300 3300　165
2024/1/9 Charlie　產品B 9 300 2700　135
2024/1/5 Charlie　產品A 5 500 2500　125
2024/1/2 Alice　產品A 8 500 4000　200
我希望可以在B-15這格計算出B-2～B-13中Alice的銷售數量(D-2~D-
13)，請你給我可以達成需求的Excel公式，並用繁體中文教導我這項公
式的用法。

圖 6-2　向 ChatGPT 提問的完整提問內容

接著可以看到 ChatGPT 的回答如圖 6-3：

要在 Excel 中計算特定銷售人員（在這個例子中是 Alice）的銷售數量，可以使用 `SUMIF` 函數。以下
是詳細步驟和公式的用法：

步驟：

1. **選擇要顯示結果的儲存格：**
   假設你要在 B-15 儲存格中顯示 Alice 的銷售數量。

2. **輸入公式：**
   在 B-15 儲存格中輸入以下公式：

```excel
=SUMIF(B2:B13, "Alice", D2:D13)
```

公式說明：

- **SUMIF**：這是一個條件求和函數，用於根據條件計算範圍內的總和。

- **範圍（B2
  ）**：這是你要檢查的範圍。在這個例子中是包含銷售人員名字的範圍。

- **條件（"Alice"）**：這是你要檢查的條件。在這個例子中是 "Alice"。

- **求和範圍（D2
  ）**：這是你要計算總和的範圍。在這個例子中是銷售數量的範圍。

圖 6-3　ChatGPT 針對問題回答的結果以及附上的 Excel 公式（部分節錄）

你可以點選〔複製程式碼〕來直接複製，相當方便，接下來就回到 Excel 來輸入公式吧！可以看到圖片上方就是讓你輸入內容的框框如圖 6-4，這裡也可以輸入 Excel 公式來快速統計、計算該儲存格的內容，公式輸入完成後只需要輕輕的點擊 Enter 就好了。

	A	B	C	D
SUM			=SUMIF(B2:B13, "Alice", D2:D13)	
1	日期	銷售人員	產品	銷售數量
2	2024/1/1	David	產品A	12
3	2024/1/11	Charlie	產品C	8
4	2024/1/10	Charlie	產品B	4
5	2024/1/5	Charlie	產品C	18
6	2024/1/8	Bob	產品B	16
7	2024/1/7	Charlie	產品B	11
8	2024/1/9	Charlie	產品B	9
9	2024/1/5	Charlie	產品A	5
10	2024/1/2	Alice	產品A	8
11	2024/1/6	David	產品A	16
12	2024/1/4	Bob	產品C	17
13	2024/1/9	Bob	產品A	20
14	銷售人員	銷售總數量	獎金總額	產品名稱
15	Alice	D2:D13)		產品A
16	Bob			產品B
17	Charlie			產品C

圖 6-4　照著 ChatGPT 給出的公式進行輸入

接著其他銷售人員的銷售總數量也都可以如法炮製！

```
01. B-16 儲存格可輸入 =SUMIF(B2:B13, "Bob", D2:D13)
02. B-17 儲存格可輸入 =SUMIF(B2:B13, "Charlie", D2:D13)
03. B-18 儲存格可輸入 =SUMIF(B2:B13, "David", D2:D13)
```

下一項任務就是要計算獎金總額了，和之前一樣，如果你在同一個對話框中，你可以直接輸入指令而無須貼上試算表的內容。若你開啟了新的對話或者試算表內容有重大更動的話就需要重新貼上試算表的內容了！

計算獎金的指令你可以輸入：我希望可以在 C15 這格計算出 B2~B13 欄中 Alice 的銷售獎金總和（G2~G13 欄），請你給我可以達成需求的 Excel 公式，並用繁體中文教導我這項公式的用法。接著就可以看到 ChatGPT 的回覆如圖 6-5，不過這些內容都是比較簡單使用 SUMIF 就可以達成的：

要在 Excel 中計算特定銷售人員（在這個例子中是 Alice）的銷售獎金總和，可以使用 `SUMIF` 函數。以下是詳細步驟和公式的用法：

步驟：

1. **選擇要顯示結果的儲存格：**

   假設你要在 C-15 儲存格中顯示 Alice 的銷售獎金總和。

2. **輸入公式：**

   在 C-15 儲存格中輸入以下公式：

   ```excel
   =SUMIF(B2:B13, "Alice", G2:G13)
   ```

公式說明：

- **SUMIF**：這是一個條件求和函數，用於根據條件計算範圍內的總和。

- **範圍（B2**
  ）：這是你要檢查的範圍。在這個例子中是包含銷售人員名字的範圍。

- **條件（"Alice"）**：這是你要檢查的條件。在這個例子中是 "Alice"。

- **求和範圍（G2**
  ）：這是你要計算總和的範圍。在這個例子中是銷售獎金的範圍。

圖 6-5　ChatGPT 針對問題回答的結果以及附上的 Excel 公式（部分節錄）

我們一樣將公式複製下來並在 C15 格中輸入公式，接著就會看到儲存格出現了 200，各位可以對照一下圖 6-1，檢查確認看看 Alice 的獎金總和是否有誤。其他銷售人員也是一樣的做法，不過要記得改名稱喔，千萬不要複製貼上貼得太開心，結果都是同一位銷售人員的總獎金。

最後就是要來統計產品的資訊了，不過這些內容都是大同小異啦，基本上就和前面的範例相同，只需要更改內容就好了！但若還是一知半解或者並不具備使用 Excel 公式的這項天賦的話，只要輸入指令：<u>我希望可以在 E15 這格計算出 C2~C13 欄中產品 A 的銷售數量總和（D2~D13 欄），請你給我可以達成需求的 Excel 公式，並用繁體中文教導我這項公式的用法。</u>就可以看到 Excel 給出的公式以及教學了，因為內容都幾乎相同，所以就只附上公式：

```
04. 在 E-15 儲存格公式輸入 =SUMIF(C2:C13, "產品 A", D2:D13)
05. 在 E-16 儲存格公式輸入 =SUMIF(C2:C13, "產品 B", D2:D13)
06. 在 E-17 儲存格公式輸入 =SUMIF(C2:C13, "產品 C", D2:D13)
```

就完成啦！最後就是計算各產品（C-2~C-13）的銷售總收入啦和（F-2~F-13），一樣使用 SUMIF，這時舉一反三的機會就到了，為了證明你已經大致上學會如何使用 SUMIF，這次我們就不依賴 ChatGPT 來自己撰寫公式吧！

```
01. 在 F-15 儲存格公式輸入 =SUMIF(C2:C13, "產品 A", F2:F13)
02. 在 F-16 儲存格公式輸入 =SUMIF(C2:C13, "產品 B", F2:F13)
03. 在 F-17 儲存格公式輸入 =SUMIF(C2:C13, "產品 C", F2:F13)
```

至此大功告成，如圖 6-6，你完美的達成了任務，是時候好好犒賞自己了！

14	銷售人員	銷售總數量	獎金總額	產品名稱	銷售總數量	銷售總收入
15	Alice	8	200	產品A	61	30500
16	Bob	53	1335	產品B	40	12000
17	Charlie	55	1395	產品C	43	30100
18	David	28	700			

圖 6-6　Excel 表格計算結果圖

6.2　第十六招：Excel 公式除錯術

各位或許有經過以下情況，就是在使用 Excel 的時候，照著教學使用但是發現結果並非所需要的內容，或者出現了一些錯誤導致並沒有出現結果。在以前或許你需要花一些時間上網查詢如何除錯、詢問身邊的人們如何修改等。不過現在只需要和 ChatGPT 聊聊，請它告訴你該如何修正就可以了。接下來我將繼續延續 6.1 節的部分，繼續向各位介紹 ChatGPT 在 Excel 上能做到的應用。

6.2.1 使用 ChatGPT 處理不理想的結果

通常出現錯誤無非只有兩種情況：

1. **沒有跳出錯誤通知**：通常只是不當的使用函數，導致結果並非理想情況。

2. **跳出錯誤通知**：通常是因為**不正確設置函數中的參數**，或者出現**語法錯誤**等許多不同的原因導致的。

這裡我先來介紹一下如何和 ChatGPT 協作處理不理想的結果！

情境範例

書接上回，你出色的處理好任務，不過上司告訴你他希望找出銷售最多的商品以及銷售最多商品的銷售人員。你很納悶，因為這不是你的工作，這應該是坐你旁邊那個愛欺負新人的同事的工作才對吧！你只是一個小小的新人，你也不敢公然抗命，於是你在腦袋模擬了不下 20 次的拒絕方式以及解釋方式，想讓上司知道這不是你的工作。在你模擬完了之後，說出口的是小小聲地：「好，我這就去改。」不過在使用公式時發現了一點小問題，你迫不及待地打開了 ChatGPT。

要找出銷售最多的物品名稱，通常會使用 INDEX、MATCH 和 SUMIF 函數來尋找，不過這個範例中我們先故意用一個錯誤的公式，來做球給 ChatGPT 表現一下。首先新增了銷售最多以及最少的商品、銷售人員儲存格如圖 6-7：

	A	B	C
12	2024/1/4	Bob	產品C
13	2024/1/9	Bob	產品A
14	銷售人員	銷售總數量	獎金總額
15	Alice	8	200
16	Bob	53	1335
17	Charlie	55	1395
18	David	28	700
19		銷售最多	銷售最少
20	產品		
21	人員		

圖 6-7　Excel 表格新增內容

接著假設一下情況，我們在網路上搜尋了一些相關資料，照著相關資料在 B20 儲存格中輸入了以下公式：

```
01. =MATCH(MAX(D2:D13), D2:D13, 0)
```

我們可以發現儲存格的結果是 12（請參考一下圖 6-1 的表格，對照一下結果），這下好了，你發現你想找**銷售最多**的產品，然後搜尋 Google 後發現找最大值時會使用 MAX 函數，請注意！本例要找〔總和最多 (SUMIF)〕而非〔列表中最多 (MAX)〕，這裡是一個相當重大的錯誤，故特以此例來向各位展示 ChatGPT 的除錯能力。

使用 MAX 後跳出一個不明不白的 12，接下來你很納悶地將這個結果跟 ChatGPT 說明，通常希望 ChatGPT 除錯的話，你需要在指令提及你**原本希望達到的目標、你的做法、錯誤的結果、如何修正**，接著你也可以請 ChatGPT 告訴你**為何錯誤**，從錯誤中學習是一個很好的習慣。接著就來撰寫指令吧：<u>我想找出銷售數量總和最多的產品，但我使用 =MATCH(MAX(D2:D13), D2:D13, 0) 之後發現結果是 12 這個數字，但理想情況結果應該是產品名稱例如產品 A、產品 B 等，請告訴我如何修正，也跟我說說錯誤的原因。</u>

接著就會看到 ChatGPT 的回覆，它會詳細告訴你錯誤原因以及如何修正，有時甚至會提供**除錯流程**，除錯流程也可以加入到指令中，請 ChatGPT **提供更正的步驟**。

首先是 ChatGPT 的錯誤原因以及修正方法如圖 6-8，首先它建議你先計算所有銷售商品的總和（在上個小節中我們已經完成了）：

---

⑤　要找出銷售數量總和最多的產品並顯示產品名稱，你可以使用 `SUMIF` 和 `INDEX` 以及 `MATCH` 函數的組合來達成目標。首先，你需要計算每個產品的銷售數量總和，然後找出這些總和中的最大值，並最終找出對應的產品名稱。

以下是詳細步驟和公式的用法：

圖 6-8　ChatGPT 的解決辦法綜述

以及它會分析你的錯誤原因如圖 6-9。

錯誤原因：

你之前使用的 `=MATCH(MAX(D2:D13), D2:D13, 0)` 公式會返回銷售數量最大值在範圍中的位置。這個位置用於查找，但是你沒有指定查找哪個範圍的值。該公式返回的是最大銷售數量的位置，而不是產品名稱。

圖 6-9　ChatGPT 提供的錯誤原因

接下來圖 6-10 與圖 6-11 是 ChatGPT 提供的解決步驟，不過因為 ChatGPT 並不知道我們表格關於產品總銷售量的部分，所以它會從這邊開始告訴你。通常你可以在提問時，順便將部分試算表輸入進去讓它知道你的工作進度，但若沒有的話也無妨，根據它的解決辦法以及自己的實際情況也可以修正成正確結果喔。

步驟：

1. **計算每個產品的銷售數量總和**：
   在一個新列中（假設是列H），計算每個產品的銷售數量總和。假設你的產品名稱在 C2
   ，銷售數量在 D2
   。
   - 在 H2 儲存格中輸入以下公式以計算產品A的銷售數量總和：

     excel　　複製程式碼
     ```
     =SUMIF(C2:C13, "產品A", D2:D13)
     ```
   - 在 H3 儲存格中輸入以下公式以計算產品B的銷售數量總和：

     excel　　複製程式碼
     ```
     =SUMIF(C2:C13, "產品B", D2:D13)
     ```
   - 在 H4 儲存格中輸入以下公式以計算產品C的銷售數量總和：

     excel　　複製程式碼
     ```
     =SUMIF(C2:C13, "產品C", D2:D13)
     ```

圖 6-10　ChatGPT 提供的修正步驟 1（上個小節已經做過了，在 E-15~E-17 儲存格）

2. **找出銷售數量總和最多的產品**：
   使用 `INDEX` 和 `MATCH` 函數來找出銷售數量最多的產品名稱。假設你計算出每個產品的總銷售數量在 H2
   。

   在一個新儲存格（假設是 E-15）中輸入以下公式：

   excel　　複製程式碼
   ```
   =INDEX(C2:C13, MATCH(MAX(H2:H4), H2:H4, 0))
   ```

圖 6-11　ChatGPT 提供的修正步驟 2

我們可以看到修正後的公式如下：

```
01. =INDEX(C2:C13, MATCH(MAX(H2:H4), H2:H4, 0))
```

不過我們的產品總銷售數量並不是在 H2~H4 而是在 E15~E17，所以只需要更改上述公式變成下面的樣子就好了。

```
01. =INDEX(C2:C13, MATCH(MAX(E15:E17), E15:E17, 0))
```

最後圖 6-12 是 ChatGPT 提供的公式總結，若想更深入了解的話也可以請 ChatGPT 告訴這些公式的**使用方法**以及深入介紹這些公式的**延伸應用**等。

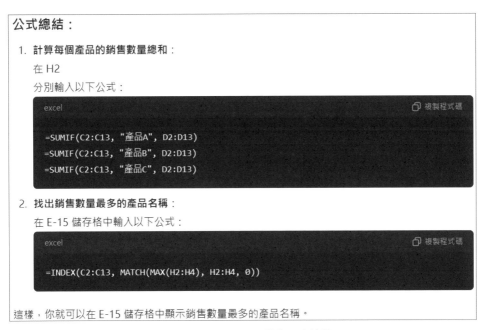

公式總結：

1. **計算每個產品的銷售數量總和：**

   在 H2

   分別輸入以下公式：

   ```excel
   =SUMIF(C2:C13, "產品A", D2:D13)
   =SUMIF(C2:C13, "產品B", D2:D13)
   =SUMIF(C2:C13, "產品C", D2:D13)
   ```

2. **找出銷售數量最多的產品名稱：**

   在 E-15 儲存格中輸入以下公式：

   ```excel
   =INDEX(C2:C13, MATCH(MAX(H2:H4), H2:H4, 0))
   ```

   這樣，你就可以在 E-15 儲存格中顯示銷售數量最多的產品名稱。

圖 6-12　ChatGPT 提供的公式總結

輸入正確公式後就正確的顯示產品 A 了，如圖 6-13。

	A	B	C	D	E	F
14	銷售人員	銷售總數量	獎金總額	產品名稱	銷售總數量	銷售總收入
15	Alice	8	200	產品A	61	30500
16	Bob	53	1335	產品B	40	12000
17	Charlie	55	1395	產品C	43	30100
18	David	28	700			
19		銷售最多	銷售最少			
20	產品	產品A				
21	人員					

圖 6-13　正確尋找銷售最多的產品結果

 筆者悄悄話

因為這個範例中只有三個產品，所以使用公式看起來或許會太殺雞焉用牛刀，不過在其餘應用中若有更多的產品等需要比較的話，公式就會變得非常方便了。

接著我們也可以用相同的方式找出銷售最多的人員。銷售總數量是在 B15~B18 這裡，請參考圖 6-13；而銷售人員在 B2~B13 這裡，請參考圖 6-1。這裡我們可以直接依樣畫葫蘆來填寫 B21 儲存格中銷售最多的銷售人員，基本上就是將 C2~C13（產品的名稱）改成 B2~B13（銷售人員的名稱）、E15~E17（各產品的銷售總數）改成 B15~B18（各位銷售人員的銷售總數）。

```
01. =INDEX(B2:B13, MATCH(MAX(B15:B18), B15:B18, 0))
```

若不理解如何修改的話，也可以詢問 ChatGPT 喔，但我相信應該沒什麼問題啦。接著要來找找看最少的情況了，通常各位直覺一定知道是使用 MIN 函數，但若對 Excel 還沒那麼熟練的話，當然可以問 ChatGPT，以下是一個範例，這次我將新增的試算表部分也貼上去，並告知試算表最左上方的那格**儲存格編號**，不說的話 ChatGPT 會將之當成 A1。在這個例子中，我們的試算表最左上角的儲存格是 A14，因此需要告訴 ChatGPT 這一點：（**這邊是試算表內容**）。我的統計表如

上，「銷售人員」是 A14 儲存格，其餘以此類推。我希望能找出銷售最少的產品
並將結果放在 C20；以及銷售最少的銷售人員並將結果放在 C21。

完整內容如圖 6-14：

> 銷售人員　銷售總數量　獎金總額　產品名稱　銷售總數量　銷售總收
> 入
> Alice　8 200　產品A 61　30500
> Bob　53　1335　產品B 40　12000
> Charlie　55　1395　產品C 43　30100
> David 28　700
> 我的統計表如上，"銷售人員"是A14儲存格，其餘以此類推。我希望能
> 找出銷售最少的產品並將結果放在C20；以及銷售最少的銷售人員並將
> 結果放在C21。

圖 6-14　詢問 ChatGPT 的完整指令

接著就能看到回答如圖 6-15 和圖 6-16，可以看到只需要給最左上角的儲存格編
號，ChatGPT 就可以推理出其他所有儲存格的編號了，進而給出正確的公式，令
人讚嘆：

根據你提供的資料，可以使用 `INDEX` 和 `MATCH` 函數來找出銷售最少的產品和銷售最少的銷售人員。以下是詳細步驟和公式的用法：

找出銷售最少的產品並將結果放在 C20：

1. **選擇要顯示結果的儲存格：**
   假設你要在 C20 儲存格中顯示銷售最少的產品名稱。

2. **輸入公式：**
   在 C20 儲存格中輸入以下公式：

```excel
=INDEX(D15:D17, MATCH(MIN(E15:E17), E15:E17, 0))
```

圖 6-15　ChatGPT 提供的尋找銷售最少產品的結果

找出銷售最少的銷售人員並將結果放在 C21：

1. **選擇要顯示結果的儲存格：**

   假設你要在 C21 儲存格中顯示銷售最少的銷售人員名稱。

2. **輸入公式：**

   在 C21 儲存格中輸入以下公式：

```excel
=INDEX(A15:A18, MATCH(MIN(B15:B18), B15:B18, 0))
```

公式說明：

* **INDEX**：從給定範圍中返回指定位置的值。
* **MATCH**：在範圍內搜索指定值，並返回該值在範圍內的位置。
* **MIN**：返回範圍內的最小值。

圖 6-16　ChatGPT 提供的尋找銷售最少之銷售人員的結果以及公式說明

這次 ChatGPT 還有提供**範例資料對應的範圍**讓你確認一下我給的試算表內容是否有誤，如圖 6-17。此外，公式總結（公式總結粗體）如圖 6-18，提供總結性的簡短回答。

範例資料對應的範圍：

銷售人員	銷售總數量	獎金總額	產品名稱	銷售總數量	銷售總收入
Alice	8	200	產品A	61	30500
Bob	53	1335	產品B	40	12000
Charlie	55	1395	產品C	43	30100
David	28	700			

圖 6-17　ChatGPT 提供的範例資料對應的範圍

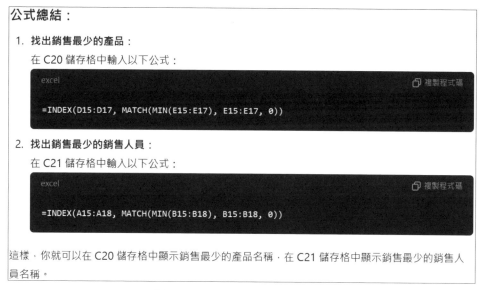

公式總結：

1. **找出銷售最少的產品：**

   在 C20 儲存格中輸入以下公式：

   ```excel
   =INDEX(D15:D17, MATCH(MIN(E15:E17), E15:E17, 0))
   ```

2. **找出銷售最少的銷售人員：**

   在 C21 儲存格中輸入以下公式：

   ```excel
   =INDEX(A15:A18, MATCH(MIN(B15:B18), B15:B18, 0))
   ```

這樣，你就可以在 C20 儲存格中顯示銷售最少的產品名稱，在 C21 儲存格中顯示銷售最少的銷售人員名稱。

圖 6-18　ChatGPT提供的公式總結

6.2.2 使用 ChatGPT 處理語法錯誤

接著，我也想和各位分享，如果在使用 Excel 公式後，發現**參數設定錯誤**或者出現**語法錯誤**導致噴出錯誤通知時，該如何使用 ChatGPT 輔助解決。

情境範例

繼續書接上回，你正在使用上個小節提到的公式來處理問題。不過在打這些公式時你手抖了一下，MAX 函數變成 MAXX。而且又眼花，在 MATCH 函數中重複輸入參數。於是噴了一些錯誤，急著下班吃飯的你也無暇慢慢上網查資料、而其他同事也不約而同地消失了（包含把工作丟給你的那個討厭鬼），所以你又嘆了更大的一口氣，並嘗試自己解決問題。

首先來看看你打的公式吧！以此例來說我的公式出現了兩個錯誤：MAX 函數打錯、MATCH 函數多輸入了一個引數。

```
01. =INDEX(C2:C13, MATCH(MAXX(E15:E17), E15:E17, 0, 0))
```

所以你可以看到 Excel 噴出了錯誤內容，如圖 6-19：

圖 6-19　Excel 中錯誤公式引起的語法錯誤

很簡單的方式是直接將錯誤的內容以及公式丟到 ChatGPT 中請它解決，在指令中你需要包含**錯誤的公式部分、錯誤的內容、如何修改、錯誤原因**等。以此例來說你可以這樣說：我輸入的公式 =INDEX(C2:C13, MATCH(MAXX(E15:E17), E15:E17, 0, 0)) 出現錯誤：您已針對此函數輸入太多引數。請告訴我錯誤的原因，以及如何修正。

接著可以看到 ChatGPT 準確地說明你的錯誤部分（如圖 6-20）以及如何更正（如圖 6-21），甚至連 MAXX 也都有找到。

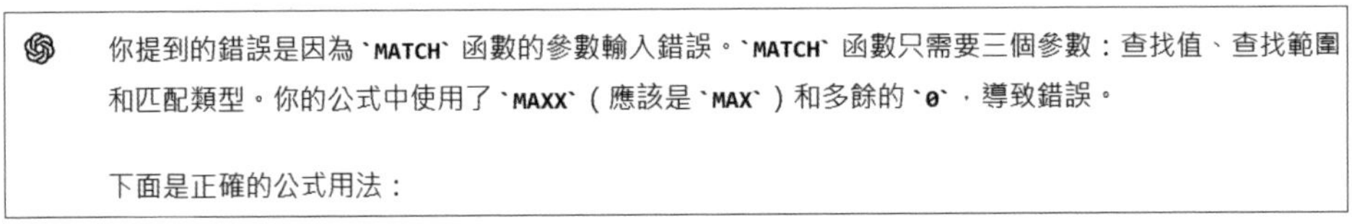

你提到的錯誤是因為 `MATCH` 函數的參數輸入錯誤。`MATCH` 函數只需要三個參數：查找值、查找範圍和匹配類型。你的公式中使用了 `MAXX`（應該是 `MAX`）和多餘的 `0`，導致錯誤。

下面是正確的公式用法：

圖 6-20　ChatGPT 回答的錯誤內容說明

找出銷售數量最多的產品並將結果放在 C20：

1. **選擇要顯示結果的儲存格：**

   假設你要在 C20 儲存格中顯示銷售數量最多的產品名稱。

2. **輸入公式：**

   在 C20 儲存格中輸入以下公式：

```excel
=INDEX(D15:D17, MATCH(MAX(E15:E17), E15:E17, 0))
```

錯誤原因：

1. `MAXX` 應該是 `MAX`：`MAXX` 不是 Excel 中的有效函數名稱，應該使用 `MAX`。

2. `MATCH` 函數中的額外引數：`MATCH` 函數的標準形式是 `MATCH(lookup_value, lookup_array, [match_type])`，其中 `[match_type]` 是可選的。

圖 6-21　ChatGPT 回答的修正方式以及錯誤原因詳述

可以看到 ChatGPT 會準確地修改你的錯誤內容，回答中的 C20 儲存格是因為記憶到上面的回答內容，畢竟上個範例是要在 C20 儲存格中輸入一些統計結果，所以就被 ChatGPT 記下來並影響到這次回答的內容啦！如果只想除錯，而不希望被先前回答影響到的話可以額外請 ChatGPT **不要根據先前的對話，單純回答這個錯誤如何修正。**或者**直接開啟新的對話即可。**

例如我們將上述的指令新增一段不要根據先前對話來產生結果的部分：我輸入的公式 =INDEX(C2:C13, MATCH(MAXX(E15:E17), E15:E17, 0, 0)) 出現錯誤：您已針對此函數輸入太多引數。請告訴我錯誤的原因，以及如何修正。你的回答「不要根據先前的對話內容，單純給我修正方式」即可。

可以看到 ChatGPT 的回答，如圖 6-22：

你輸入的公式中有兩個錯誤：

1. `MAXX` 應該是 `MAX`。

2. `MATCH` 函數的最後一個參數是多餘的。

修正後的公式如下：

```excel
=INDEX(D15:D17, MATCH(MAX(E15:E17), E15:E17, 0))
```

這樣可以正確找出銷售總數量最多的產品名稱。

圖 6-22　ChatGPT 回答的修正方式

雖然解決了你的問題，但是第一個引數它回答錯了，原本是 C2:C13 不知為何變成 D15:D17，有時 ChatGPT 仍然會犯這種小錯誤。所以各位千萬要記住不要一昧的複製貼上喔，還是要自己檢查一下回答是否有瑕疵！

6.3　第十七招：Excel 數據視覺化繪圖術

在處理數據資料時常常會使用各種圖表，來讓其他人可以一目了然的理解你的數據內容並從中比較差異。資料視覺化是一項非常非常重要的技術，而 Excel 能夠幫助各位用戶建立多種類型的圖表，如柱狀圖、折線圖、圓餅圖和散點圖，這些圖表不僅可以呈現數據的趨勢和模式，還能揭露數據中的隱藏訊息。透過簡單易懂的圖表展示，數據視覺化能夠幫助決策者快速理解複雜的數據集，並做出明智的決策，此外，視覺化的數據更容易與他人分享，提升了溝通效率，減少了誤解和錯誤。接下來我將介紹，如何使用 ChatGPT 來協助完成 Excel 的圖表製作。

情境範例

上司發現這些數據圖表做得很不錯,稱讚了你一番並答應你如果有完成後續上司要求的話,上司要請你吃晚餐。上司希望你能夠繪製出銷售人員以及產品的銷售數量的長條圖。為了免費晚餐,你提起幹勁想要好好的完成工作,並學習如何繪製圖表。

各位要注意一下,因為這種操作類型的部分不像公式這種是能夠單靠文字就搞定的任務,往往會涉及到許多操作,而這些操作常常會點擊各種按鈕。又因為 ChatGPT 的訓練原文基本上是以英文為主,再加上不同的 Excel 版本可能會有一些落差,因此,生成這類回答時,語詞表達可能不夠準確,所以各位在使用上需要特別注意。原則上我在使用時都會再搭配網頁教學去交叉比對看看這些步驟是否有問題,以及搭配網頁教學中的圖示來操作。

在這邊一樣指令上我們必須要注意要包含**表格內容、使用 Excel 繪圖、繪圖類型、圖表中要包含的資料、提供步驟說明**等其他個人需求。如果忘記說要使用 Excel 繪圖的話,通常 ChatGPT 會使用 Python 來繪圖,所以需要特別注意一下。以此例來說我們可以說:(**這邊是試算表內容**)。以上是我的表格,銷售人員是儲存格 A14,請教我使用 Excel 繪製出產品 A、產品 B、產品 C 的銷售總數量以及四位銷售人員的銷售總數量的長條圖。並告訴我繪製步驟。

接著可以看到 ChatGPT 的回答,它分成了幾個步驟幫助你建立圖表,如圖 6-23 至圖 6-25:

要在Excel中繪製產品A、產品B、產品C的銷售總數量以及四位銷售人員的銷售總數量的長條圖，請按照以下步驟進行：

1. **整理數據**：確保你的數據在Excel中排列整齊。例如：

   ● 產品銷售數量：

   ● 銷售人員銷售總數量：

圖 6-23　ChatGPT 回答的圖表建立步驟 1

2. **插入圖表：**

   1. 選中產品銷售總數量數據範圍（包括標題）。

   2. 在功能區上點擊"插入"選項卡。

   3. 在"圖表"部分中，選擇"長條圖"（Bar Chart）。

   4. 選擇一個2D柱狀圖樣式。

3. **調整圖表：**

   1. 圖表插入後，Excel會自動生成一個長條圖。

   2. 將圖表移動到合適的位置並調整大小。

   3. 為圖表添加標題。例如，"產品銷售總數量"。

4. **插入第二個圖表：**

   1. 選中銷售人員銷售總數量數據範圍（包括標題）。

   2. 重複步驟2中的插入圖表操作。

   3. 調整這個圖表的位置和大小。

圖 6-24　ChatGPT 回答的圖表建立步驟 2 至 4

5. **調整圖表格式**（可選）：

   1. 可以通過右鍵點擊圖表中的元素來格式化圖表。例如，更改柱狀顏色、添加數據標籤等。

   2. 如果希望將兩個圖表放在同一張圖中，可以考慮使用"組合圖表"功能。

圖 6-25　ChatGPT 回答的圖表建立步驟 5

可以看到 ChatGPT 給了你一個步驟來幫助你建立圖表，所以接著就來按照 ChatGPT 的步驟來一步一步建立圖表吧！

- **步驟 1，整理數據**：這裡就直接使用 6.1 節末尾圖 6-6 的表格即可，在前幾章節中我們有建立出這些資料。

- **步驟 2，插入圖表**：這裡又分成四個小步驟，請看接下來的圖片以及圖片標題來對照步驟與實際操作的方式。

產品名稱	銷售總數量
產品A	61
產品B	40
產品C	43

圖 6-26　步驟 2-1，選中產品銷售總數量數據範圍（包括標題）

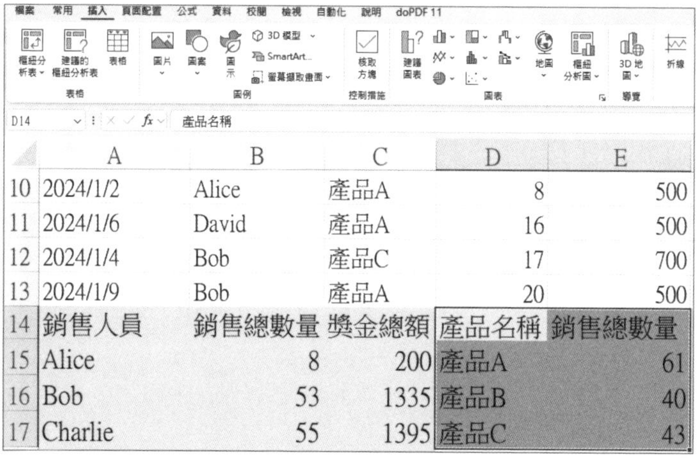

圖 6-27　步驟 2-2，在功能區上點擊「插入」選項卡

圖 6-28　步驟 2-3，在「圖表」部分中，選擇「長條圖」（Bar Chart）

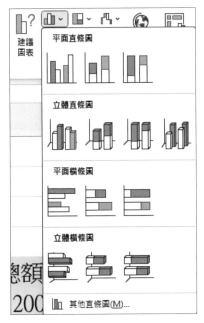

圖 6-29　步驟 2-4，選擇一個 2D 柱狀圖樣式

接著就可以插入一張圖表了，各位也可以根據自己的習慣以及喜歡的樣式自由創建圖表喔，不一定要完全按 ChatGPT 的步驟以及建議來建立圖表。

● **步驟 3**（圖 6-30），**調整圖表**：這邊包含的就是一些圖表建立後的設定，可以看到步驟 3.1 提及到的「圖表插入後，Excel 會自動生成一個長條圖」。

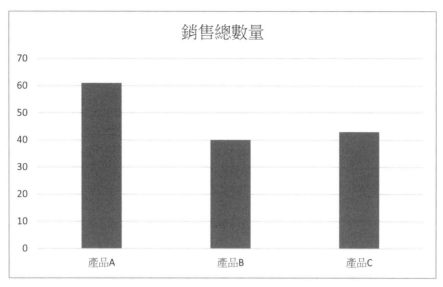

圖 6-30　步驟 3-1，圖表插入後 Excel 會自動生成一個長條圖

於是就可以照著步驟 3.2 和步驟 3.3 的方式移動圖表到你喜歡的地方以及添加標題等。

● **步驟 4，插入第二個圖表**：這地方其實也和步驟 2 的方式完全相同，只是現在換選取銷售人員的部分，這部分就不贅述了。

● **步驟 5，調整圖表格式（可選）**：這裡就是後續 ChatGPT 建議你可以做的一些其他更動，例如更改柱狀圖的顏色、添加數據的標籤等。另外如果希望把繪製出來的兩張圖表放在同一張圖中就可以使用「組合圖表」功能。關於組合圖表的部分各位也可以另外找資料或者詢問 ChatGPT。

以上就是一個 ChatGPT 提供的簡單的繪製數據圖表的教學，各位若有更多需求或者其他應用的話，也歡迎和 ChatGPT 聊聊，請它提供給你意見以及教學喔！

6.4 第十八招：Excel 數據分析術

有時候看著一堆數字，可能看到頭開始暈了都還看不出個所以然，密密麻麻的數據看起來就像很多螞蟻一樣，令人感到不適。不過有了 ChatGPT 後這些問題都已經不是問題了，你可以和這位強大的數據分析師一起工作。

情境範例

書接上回，當你圖表快做完了之後，上司也詢問你關於 2024/1/1 ～ 2024/1/11 的總收入趨勢有甚麼看法，你很明白這是上司在測試你的能力，但這數據根本就沒有照日期排列整齊，一切都亂糟糟的，你在心裡咒罵了一下。接著開始想辦法讓大腦全速運轉，希望從這些數字中看出一個端倪。

除了拼命看圖表以外，各位也可以將這些圖表丟到 ChatGPT 中請它幫各位進行一個初步的分析。具體來說指令通常需要包含**數據來源和範圍**、**指定分析目標**、**分析時間範圍**，以及若有**其他個人需求**也可以提出。以此例來說我們可以請它重新照時間排列數據，並且分析趨勢：(這邊是試算表內容)。分析以上銷售數據中的趨勢，數據範圍包括日期、銷售人員、產品、銷售數量、單價、總收入和獎金。並且幫我依照日期重新排列數據，請用繁體中文回答。

接著就能夠看到 ChatGPT 的回覆，首先它先重新排列了數據如圖 6-31，請注意要檢查一下生成內容與實際圖表的數據是否有誤：

銷售數據分析與重新排列

以下是根據日期重新排列的銷售數據表：

日期	銷售人員	產品	銷售數量	單價 (NT$)	總收入 (NT$)	獎金 (NT$)
2024/1/1	David	產品A	12	500	6000	300
2024/1/2	Alice	產品A	8	500	4000	200
2024/1/4	Bob	產品C	17	700	11900	595
2024/1/5	Charlie	產品C	18	700	12600	630
2024/1/5	Charlie	產品A	5	500	2500	125
2024/1/6	David	產品A	16	500	8000	400
2024/1/7	Charlie	產品B	11	300	3300	165
2024/1/8	Bob	產品B	16	300	4800	240
2024/1/9	Charlie	產品B	9	300	2700	135
2024/1/9	Bob	產品A	20	500	10000	500
2024/1/10	Charlie	產品B	4	300	1200	60
2024/1/11	Charlie	產品C	8	700	5600	280

圖 6-31　經過 ChatGPT 重新排列的數據

各位可以將這份數據再重新貼回 Excel 中。接著來看看 ChatGPT 做出來的趨勢分析如圖 6-32。

趨勢分析

1. **銷售人員表現**：
   - **Charlie** 在銷售數量和種類上都表現得非常活躍，尤其是產品C的銷售量很高。
   - **Bob** 的產品C和產品A的銷售也很出色。
   - **David** 集中在產品A的銷售，數量穩定。
   - **Alice** 的銷售數據相對較少，但也有產品A的銷售。

2. **產品表現**：
   - **產品C** 似乎是最受歡迎的產品，特別是在高銷售數量和高單價的情況下。
   - **產品A** 也表現不錯，多位銷售人員都有銷售。
   - **產品B** 的銷售量較低，但還是有一定的市場需求。

3. **日期分佈**：
   - 1月初到1月中銷售活動頻繁。
   - 1月5日是銷售的高峰期，特別是Charlie的銷售活動非常密集。

圖 6-32　ChatGPT 針對數據所做出的趨勢分析

最後 ChatGPT 也有做出總結如圖 6-33，看的出來 ChatGPT 也很專業呢，甚至有提供進一步的銷售策略！

總結

Charlie和Bob在產品C的銷售中表現突出，而David專注於產品A的銷售。未來的銷售策略可以考慮集中在高價值產品C的推廣，同時保持產品A的穩定銷售。

圖 6-33　ChatGPT 針對數據所做出的總結以及未來的銷售策略

6.5　第十九招：Excel VBA 生成術

不知道各位是否對於 ChatGPT 針對 Word VBA 的應用而感到驚訝，困擾了許久、學習了許久的 VBA 竟然輕易的被 ChatGPT 化解了。但各位驚訝得太早了，現在 ChatGPT 才要顯露出它的真本事呢！接下來我要來介紹如何使用 Excel VBA ×ChatGPT 的一些應用，在建立 VBA 程式上 ChatGPT 的能力相當強大，所以各位若在建立 VBA 上遇到了一些問題或者無從下手的話，筆者我強烈推薦各位使用看看 ChatGPT 來協作喔。

6.5.1　使用 ChatGPT Excel VBA 建立一段區間

各位不知道是否有過這種經驗：在 Excel 中輸入序列性的資料，例如日期或者序號等資訊的時候有時要手動一個一個輸入進去，如果只有幾筆資料那倒還好，但如果今天要一次輸入幾百幾千筆資料的話，逐一手動輸入資料不僅會讓人感到壓力倍增，還會顯得非常單調乏味。

此時你有兩個選擇，通常比較簡單的方式是藉助 Excel 公式以及滑鼠拖曳填滿儲存格；或者使用 Excel VBA，相信 VBA 絕對是每位職場人士必備的技能吧！ VBA 能做到的事情非常非常多，在這裡我先來分享一個初步的應用吧，也就是使用 VBA 來建立一段區間！不過作為一個沒學習過 VBA 的人，此時就可以很適當的請出 ChatGPT 幫忙啦。只需要在指令中輸入**使用 Excel VBA、任務目標、提供**

建立步驟、提供教學，有時也需要將**試算表內容**給 ChatGPT 幫助它理解任務目標，或是若有需求也可以請它**逐行解釋程式碼**的用途。

以此例來說，我輸入：我想用 Excel VBA 新增 A1 為日期 A2~A32 為 2024/07/01~2024/07/31 的日期內容，請給我 VBA 程式碼以及建立步驟，和程式碼的教學，非常精簡的指令 XD。接著就可以看到 ChatGPT 的回覆了，如圖 6-34。

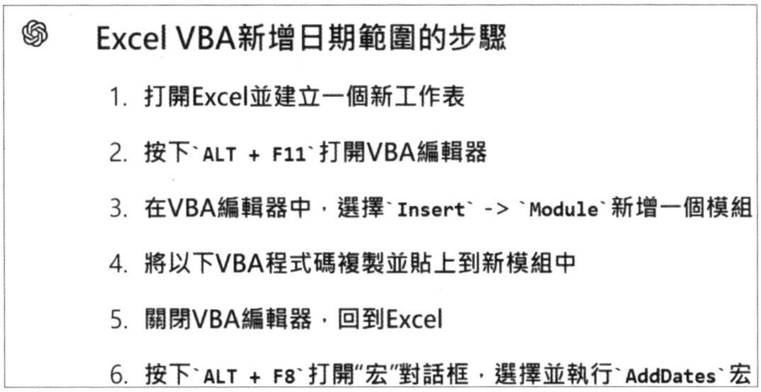

圖 6-34　ChatGPT 提供的 VBA 教學

以及 VBA 程式碼：

```
01. Sub AddDates()
02.     Dim startDate As Date
03.     Dim cell As Range
04.     Dim i As Integer
05.
06.     ' 設定起始日期
07.     startDate = DateSerial(2024, 7, 1)
08.
09.     ' 將 A1 設置為日期標題
10.     Range("A1").Value = " 日期 "
11.
12.     ' 從 A2 開始填寫日期
13.     For i = 1 To 31
14.         Set cell = Range("A" & i + 1)
15.         cell.Value = startDate
16.         startDate = startDate + 1
17.     Next i
18. End Sub
```

最後就是詳細的程式碼教學了（圖 6-35 和圖 6-36），非常的詳細，讓初學者也能很輕鬆的學習。倘若各位覺得不夠詳細也可以請 ChatGPT 再講解得更詳細一點。

程式碼教學

1. **宣告變數**

    - `startDate`：用於儲存開始的日期，即2024年7月1日。

    - `cell`：用於指向每一個儲存格。

    - `i`：用於迴圈計數。

2. **設定起始日期**

    - `startDate = DateSerial(2024, 7, 1)` 這行程式碼將起始日期設為2024年7月1日。

圖 6-35　ChatGPT 提供的 VBA 程式碼說明 1

---

3. **設置標題**

    - `Range("A1").Value = "日期"` 這行程式碼將A1儲存格設置為標題"日期"。

4. **填寫日期**

    - 使用`For i = 1 To 31`這個迴圈來填寫A2到A32儲存格的日期。

    - `Set cell = Range("A" & i + 1)` 這行程式碼根據迴圈計數來設定要填寫的儲存格。

    - `cell.Value = startDate` 將當前的`startDate`值填入儲存格。

    - `startDate = startDate + 1` 每次迴圈後將日期增加一天。

圖 6-36　ChatGPT 提供的 VBA 程式碼說明 2

接下來我們就照它的步驟來執行吧！

1. 首先是打開 Excel 以及按下 ALT + F11 打開 VBA 編輯器，如圖 6-37。

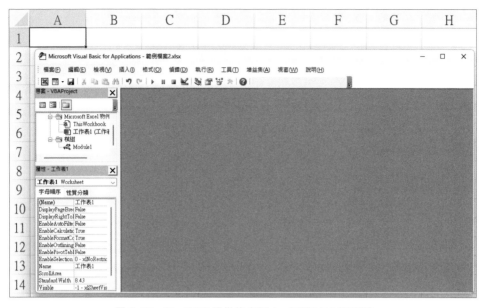

圖 6-37　ChatGPT 提供的步驟 1，打開 VBA 編輯器

2. 在 VBA 編輯器中，選擇 Insert -> Module 新增一個模組，可以看到如圖 6-38
的程式碼編輯區塊。

圖 6-38　ChatGPT 提供的步驟 2，新增一個模組

3. 將以下 VBA 程式碼複製並貼上到新模組中，真的只需要複製貼上即可，如圖 6-39。

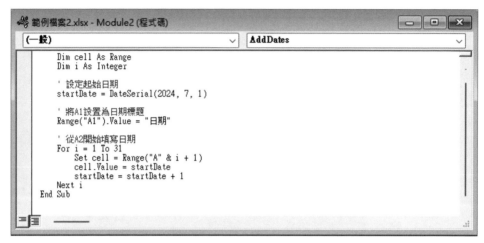

圖 6-39　ChatGPT 提供的步驟 3，複製貼上程式碼

4. 關閉 VBA 編輯器，回到 Excel，只需要按下編輯器右上角的叉叉，回到原本的頁面就好了。

5. 按下 ALT + F8 打開「宏」對話框，選擇並執行 AddDates 宏，如圖 6-40。

圖 6-40　ChatGPT 提供的步驟 5，執行 VBA

如此一來就會看到 A 列表中出現了**日期**的標題以及後續出現了 2024/7/1 ～ 2024/7/31 的結果（圖 6-41），可以看到 ChatGPT 在協助撰寫 VBA 時所展驗出的強大的性能，可以幫助各位快速地完成工作。

	A
1	日期
2	2024/7/1
3	2024/7/2
4	2024/7/3
5	2024/7/4
6	2024/7/5
7	2024/7/6
8	2024/7/7
9	2024/7/8
10	2024/7/9
11	2024/7/10

圖 6-41　執行 VBA 後的結果（節錄）

6.5.2 使用 ChatGPT Excel VBA 進行條件篩選

剛剛向各位介紹了如何使用迴圈建立一段區間。而接下來我將要來分享如何使用 ChatGPT 來協助各位撰寫條件控制，首先我在 B 欄中 B1 新增標題「隨機數」，接著在 B2 新增以下公式。

```
01. =RAND()*100
```

之後會跳出一個 0~100 的隨機亂數，然後使用儲存格右下角的小方塊拖曳到 7/31 這裡，將這欄填滿隨機數，如圖 6-42。

	A	B
1	日期	隨機數
2	2024/7/1	53.22041
3	2024/7/2	73.10579
4	2024/7/3	57.76062
5	2024/7/4	48.9932
6	2024/7/5	60.46196
7	2024/7/6	42.42586
8	2024/7/7	24.53147
9	2024/7/8	69.74893
10	2024/7/9	71.13602
11	2024/7/10	94.63706

圖 6-42　在 B 欄新增隨機數（節錄）

接著，我希望能夠將這欄隨機數中數字大於 80 的數字作顏色標記，所以我們一樣需要輸入指令請 ChatGPT 教教我們。根據上個小節提到的，我們基本上指令需要有的條件都差不多：**使用 Excel VBA、任務目標、提供建立步驟、提供教學、試算表內容**。以此例來說我的指令如下：（**這邊是試算表內容**）。我想用 Excel VBA 將 B 欄中大於 80 的數字作顏色標記，請給我 VBA 程式碼以及建立步驟，和程式碼的教學。請用繁體中文回答。

 筆者悄悄話

在經過幾次測試我發現若將試算表內容複製貼上時會將試算表內容變成圖片一併上傳給 ChatGPT，而這種情況下回覆通常都會是英文的。所以各位在使用時要注意，若上傳試算表內容時有將表格內容轉為圖片上傳的話，要提醒 ChatGPT **使用繁體中文**回答喔！

就可以看到 ChatGPT 的回覆如下圖 6-43，我們就照著 ChatGPT 的步驟來實作一次吧：

Excel VBA將大於80的數字作顏色標記的步驟

1. 打開Excel並建立一個新工作表，或打開已經有數據的工作表

2. 按下`ALT + F11`打開VBA編輯器

3. 在VBA編輯器中，選擇`Insert` -> `Module`新增一個模組

4. 將以下VBA程式碼複製並貼上到新模組中

5. 關閉VBA編輯器，回到Excel

6. 按下`ALT + F8`打開"宏"對話框，選擇並執行`HighlightNumbersGreaterThan80`宏

圖 6-43　ChatGPT 提供的步驟

以及這次回覆中提供的 VBA 程式碼如下：

```
01. Sub HighlightNumbersGreaterThan80()
02.     Dim cell As Range
03.     Dim rng As Range
04.
05.     ' 設定範圍 B2 到 B32
06.     Set rng = Range("B2:B32")
07.
08.     ' 迴圈遍歷每個儲存格
09.     For Each cell In rng
10.         If IsNumeric(cell.Value) And cell.Value > 80 Then
11.             ' 設定儲存格顏色
12.             cell.Interior.Color = RGB(255, 0, 0) ' 紅色
13.         End If
14.     Next cell
15. End Sub
```

跟前一小節一樣，接下來我們就照它的步驟來執行吧！

1. 打開 Excel 並建立一個新工作表，或打開已經有數據的工作表，這部分就是單純的打開試算表就好了。

2. 按下 ALT + F11 打開 VBA 編輯器。和前面一樣，如圖 6-44。

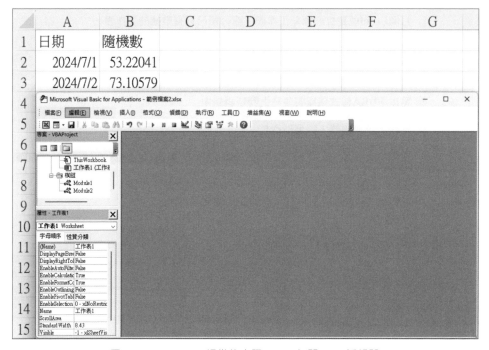

圖 6-44　ChatGPT 提供的步驟 1~2，打開 VBA 編輯器

3. 在 VBA 編輯器中，選擇 Insert -> Module 新增一個模組，這步驟可以參考 6.5.1 中圖 6-38 的圖片內容，新增一個模組。

4. 將以下 VBA 程式碼複製並貼上到新模組中，這段程式碼在前面有提到，如圖 6-45。

圖 6-45　ChatGPT 提供的步驟 3~4，新增模組並貼上 VBA 程式碼

5. 關閉 VBA 編輯器，回到 Excel。

6. 按下 ALT + F8 打開「巨集」對話框，選擇並執行 HighlightNumbersGreaterThan80 巨集，如圖 6-46。

圖 6-46　ChatGPT 提供的步驟 5~6，執行 VBA 程式碼

接著，就能看到試算表中 B 欄裡面那些大於 80 的數字都被標上紅色底色了。如圖 6-47，大功告成！

	A	B
1	日期	隨機數
2	2024/7/1	53.22041
3	2024/7/2	73.10579
4	2024/7/3	57.76062
5	2024/7/4	48.9932
6	2024/7/5	60.46196
7	2024/7/6	42.42586
8	2024/7/7	24.53147
9	2024/7/8	69.74893
10	2024/7/9	71.13602
11	2024/7/10	94.63706
12	2024/7/11	41.98225

圖 6-47　執行 VBA 後的結果（節錄）

6.5.3　使用 ChatGPT Excel VBA 來定時儲存試算表

在極度專注的工作下，通常會陷入一種「心流」狀態，在此狀態下通常可以完全心無旁騖地專心工作，且工作效率會提升很多，可以處理完大量的工作。但是如果忘記設定自動儲存，在完成工作時也忘記儲存，或者電腦因故當機還是發生各種意外導致檔案都沒有儲存到，那就一朝回到解放前了，簡直是得不償失。

雖然現在能夠設定自動儲存，Excel 等工作軟體都會設定好自動儲存的功能，隨時隨地儲存你的檔案。不過你知道嗎？ Excel VBA 也可以設定自動備份檔案，而且備份檔案的時間都可以自己設定，雖然這項應用相較之前的應用複雜許多，不過萬事求 ChatGPT，我們就來看看這次 ChatGPT 老師會如何教導我們吧！

千萬別忘記了，我們所需的指令包含但不限於：**使用 Excel VBA、任務目標、提供建立步驟、提供教學**等等，因為備份檔案不需要試算表內容，所以不提供也可以～以此例來說我輸入的指令如下：使用 Excel VBA 要如何每隔 15 分鐘自動備份一次試算表？請給我 VBA 程式碼以及建立步驟，和程式碼的教學。

接著可以看到 ChatGPT 的回答，如圖 6-48：

在Excel中使用VBA每隔15分鐘自動備份一次試算表可以通過以下步驟實現：

步驟

1. **開啟Excel並進入VBA編輯器**
   - 打開Excel工作簿。
   - 按下 `Alt + F11` 打開VBA編輯器。
2. **插入新模塊**
   - 在VBA編輯器中，點擊 `插入` 菜單，選擇 `模塊` 來插入一個新模塊。
3. **添加VBA代碼**
   - 將以下代碼複製並粘貼到新模塊中：

圖 6-48　ChatGPT 提供的 VBA 建立步驟

以及因為這段程式碼較複雜，所以 ChatGPT 分成了兩個部分，第一個部分就是主程式區塊，如下。

```
Dim BackupTimer As Double

Sub StartBackupTimer()
    BackupTimer = Now + TimeValue("00:15:00")
    Application.OnTime EarliestTime:=BackupTimer, Procedure:="BackupWorkbook", Schedule:=True
End Sub

Sub BackupWorkbook()
    Dim FilePath As String
    Dim BackupFilePath As String

    ' 取得當前文件的路徑和名稱
    FilePath = ThisWorkbook.FullName

    ' 設置備份文件的路徑和名稱
    BackupFilePath = Application.ThisWorkbook.Path & "\" & _
                    "Backup_" & Format(Now, "YYYYMMDD_HHMMSS") & ".xlsm"
```

```
18.
19.        ' 保存當前文件為備份文件
20.        ThisWorkbook.SaveCopyAs BackupFilePath
21.
22.        ' 重啟備份計時器
23.        StartBackupTimer
24. End Sub
25.
26. Sub StopBackupTimer()
27.        On Error Resume Next
28.        Application.OnTime EarliestTime:=BackupTimer, Procedure:=
    "BackupWorkbook", Schedule:=False
29. End Sub
```

我們先來實作這部分吧！

1. 開啟 Excel 並進入 VBA 編輯器，這部分一樣打開試算表然後按下 Alt + F11 就可以打開 VBA 編輯器了。

2. 插入新模塊，在 VBA 編輯器中，點擊「插入」菜單，選擇「模組」來插入一個新模塊。這裡一樣可以參考 6.5.1 中圖 6-38 的內容插入模組。

3. 添加 VBA 程式碼，將以下程式碼複製並貼上到剛剛新增的模組中如圖 6-49。

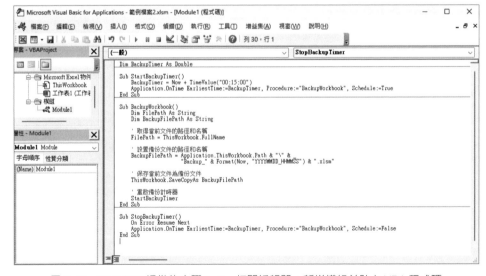

圖 6-49　ChatGPT 提供的步驟 1~3，打開編輯器、新增模組並貼上 VBA 程式碼

接著是第四步驟要來設定啟動計時器，下圖 6-50 為 ChatGPT 提供的步驟說明。

---

4. 設置啟動計時器

- 在 `ThisWorkbook` 中添加啟動和停止計時器的代碼。找到 `ThisWorkbook`，並在 `Workbook_Open` 事件中添加代碼來啟動計時器，在 `Workbook_BeforeClose` 事件中添加代碼來停止計時器：

圖 6-50　ChatGPT 提供的步驟 4

所謂的 ThisWorkbook 就是 VBA 編輯器打開時會有的區塊，在 VBA 編輯器中，找到左側的 **Project Explorer** 視窗（或者**專案 -VBAProject** 視窗）。如果沒有看到此視窗，可以按 Ctrl + R 來打開，如圖 6-51。

圖 6-51　打開 VBA 編輯器並找到 ThisWorkbook

接著就可以將這段程式碼輸入到 ThisWorkbook 中了，它會設定在打開試算表時就啟動計時器；在關閉工作簿時停止計時器以免發生錯誤。接著就來實作看看這個步驟吧！

```
01. Private Sub Workbook_Open()
02.     StartBackupTimer
03. End Sub
```

```
04.
05. Private Sub Workbook_BeforeClose(Cancel As Boolean)
06.     StopBackupTimer
07. End Sub
```

4. 在 ThisWorkbook 中添加啟動和停止計時器的程式碼如圖 6-52，記住視窗不
要開錯誤喔！

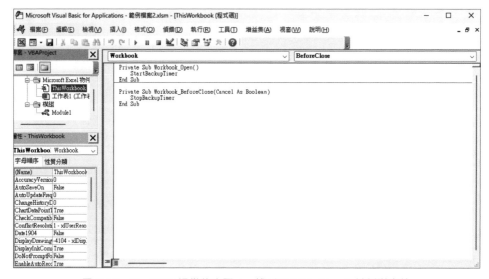

圖 6-52　ChatGPT 提供的步驟 4，找到 ThisWorkbook 並新增事件

大功告成，接著最後就是 ChatGPT 提供的使用指南了，如圖 6-53。

使用指南

1. **保存並關閉VBA編輯器**

   - 確保所有代碼已正確添加，然後保存並關閉VBA編輯器。

2. **保存工作簿**

   - 保存Excel工作簿，並確保文件格式支持VBA代碼（如 `.xlsm`）。

3. **測試自動備份**

   - 關閉並重新打開工作簿，以確保計時器正確啟動。每隔15分鐘應自動生成一個備份文件。

這樣，您的Excel工作簿就會每隔15分鐘自動備份一次了。如果有其他需求或問題，請隨時告訴我。

圖 6-53　ChatGPT 提供的使用指南

程式碼新增完成後就是要來確認程式碼是否有再工作，所以接下來就來實作這部分吧！

1. 保存並關閉 VBA 編輯器，確保所有代碼已正確添加，然後保存並關閉 VBA 編輯器。基本上會希望先測試程式有沒有出現錯誤，若能夠 10 秒鐘備份檔案的話，那代表程式沒有問題，此時就可以再更改回原本的 15 分鐘，或是各位希望自動備份的時間。

2. 保存工作簿，保存 Excel 工作簿，並確保文件格式支持 VBA 代碼（如 .xlsm），這項很重要，若是一般的 .xlsx 檔案是不支援儲存巨集的，所以這些 VBA 程式就不會被儲存，所以各位千萬要特別注意檔案要儲存成 xlsm 檔案喔！

3. 測試自動備份，關閉並重新打開工作簿，以確保計時器正確啟動。每隔 15 分鐘應自動生成一個備份文件。

經過測試後，打開檔案過了一段時間確實有備份儲存到檔案，如圖 6-54，沒想到這都難不倒 ChatGPT 啊。若各位在使用上若有問題也不妨秉持著「打破砂鍋問到底」的態度去請 ChatGPT 賜教喔，相信一定會收穫滿滿的。

圖 6-54　Excel 自動備份的檔案

6.5.4　ChatGPT × Excel VBA 小結

總結來說，Excel VBA 與公式都可以協助使用者達成許多應用，讓使用者能夠事半功倍，若使用者有任何需求通常只需要將這些需求完整表達給 ChatGPT 以及指示它列出詳細步驟的話，基本上在職場中你將會變得無往不利。當然許多更加進階的應用或許 ChatGPT 就無法完全 100% 的幫你完成工作了，所以還是建議各位使用者也要稍微熟悉 VBA 的語法以及應用，這樣子搭配 ChatGPT 才會發揮 1+1>2 的效果！

另外筆者是沒有深入學習 VBA 的人，但基本上跟著 ChatGPT 的教學與指示也能達成在 10 分鐘內完成一些簡單的應用，並學習到這些應用的原理。所以使用 ChatGPT 確實能夠讓一個人快速的掌握入門技巧，也能讓人進步神速！所以筆者非常推薦各位去試試看，實作之後真的會獲益匪淺！

ChatGPT 在簡報協作中的應用

●●●

> 恨透了每次要做簡報，但美術細胞為 0 的自己，所設計出來的牛鬼蛇
> 神的簡報嗎？接下來就讓美術小老師 ChatGPT，來教你設計出厲害
> 的簡報吧！

製作一個排版整齊，風格清爽且令人閱讀起來心曠神怡的簡報一直是職場辛苦人的夢想。使用漂亮的簡報搭配上漂亮的報告之後，會讓你在公司中走路都有風 XD 不過製作一份精彩的簡報其實是需要有許多訓練以及學習的，這往往需要花費極大量的時間去學習以及嘗試製作各種簡報，許多人的熱情就在反覆無常的訓練中被消磨殆盡了……。

不過現在有了 ChatGPT 之後，你再也不需要去拜託老鳥們教你如何製作簡報，而且隨時隨地想學就學、想休息就休息，何樂而不為。所以接下來我將要來介紹一些和 ChatGPT 相關的簡報製作設計的應用。

除了 ChatGPT 之外，也有許多 AI 工具也能製作精美的簡報，例如大家常見的 Gamma，關於 Gamma 我將會在下一章介紹。

學｜習｜目｜標

這章希望各位可以從中了解到 ChatGPT 在簡報協作上常會用到的應用。

▶ 使用 ChatGPT 來生成簡報大綱以及創意發想。

▶ 使用更加專業的 Super PPT，透過一個簡短的主題發想完整的簡報大綱以及演講稿。

7.1　第二十招：簡報創意發想設計術

在現今的時代中，每個人勢必都會遇到一些情況需要設計簡報，無論是學校的報告、會議的報告甚至是和客戶介紹自家產品等情況，都會需要製作簡報來讓觀看者能一目了然。但是簡報的設計有時是和天生具備的美感相關，像筆者我這種沒有美術細胞的人，在 ChatGPT 推出前，設計簡報簡直會要了我的命。不過現在有 ChatGPT 之後我設計簡報的能力也有提升，從 ChatGPT 中我也學習到很多簡報設計的撇步。那接下來就趕快來看看要如何設計簡報吧！

7.1.1　使用 ChatGPT 來生成簡報設計大綱

如果希望 ChatGPT 能夠提供一些簡報創意發想的建議，你需要在指令中向 ChatGPT 表達你的**簡報主題、主要內容、投影片的布局、顏色主題和搭配建議、字體圖片和圖表的設計建議**，以及其他**個人需求**等。

例如我需要製作一份**未來科技趨勢**的簡報，內容與布局等都有大致的規劃，就可以在對話框輸入如下的指令（此指令我使用 ChatGPT 生成，並進行初步的排版，方便各位閱讀）。

> 請根據以下簡報內容提供創意主題和設計建議，包括：
> 1. 幻燈片佈局
> 2. 顏色方案
> 3. 字體選擇
> 4. 圖片和圖表建議
>
> 簡報主題：未來科技趨勢
> 簡報內容：
> 1. 開場白：介紹未來科技的重要性和潛力

2. 第一部分：人工智能的發展現狀和未來趨勢

3. 第二部分：區塊鏈技術的應用和前景

4. 第三部分：物聯網如何改變生活和工作方式

5. 結論：總結未來科技的影響和展望

請提供具體的設計建議，讓簡報更具吸引力和視覺衝擊力。請包括以下元素：

- 幻燈片佈局：建議每一部分應如何設計和佈置

- 顏色方案：推薦使用的主色調和配色

- 字體選擇：適合標題和正文的字體及其風格

- 圖片和圖表建議：每一部分應使用哪些類型的圖片和圖表，以增強視覺效果

將這些指令輸入之後就可以看到 ChatGPT 的回覆了（圖 7-1 至圖 7-6），這些回覆只是初步的提供了設計上的建議，若要直接生成內容的話會建議根據不同段落，慢慢的一次一次讓 ChatGPT 生成，一次生成大量的投影片段落文字可能會導致生成結果不準確。

---

⑨　創意主題和設計建議：未來科技趨勢簡報

1. 幻燈片佈局

封面幻燈片

- **佈局**: 中央放置標題「未來科技趨勢」，下方放置演講者姓名及日期。

- **設計元素**: 背景可以使用未來科技感的抽象圖案或全息影像風格圖片。

開場白

- **佈局**: 左側放置標題「未來科技的重要性和潛力」，右側放置簡短的介紹文字。

- **設計元素**: 使用簡潔的圖示，如地球、電腦晶片等。

圖 7-1　ChatGPT 給出的簡報設計大綱 - 封面與開場白

第一部分：人工智能的發展現狀和未來趨勢

- **佈局**: 分為三部分：現狀、未來趨勢、影響。每部分使用大圖和簡短文字介紹。

- **設計元素**: 使用AI相關圖片，如機器人、數據流、AI芯片等。可用折線圖或圓餅圖展示數據。

第二部分：區塊鏈技術的應用和前景

- **佈局**: 左側放置文字介紹區塊鏈應用，右側放置圖表或圖片展示。

- **設計元素**: 使用區塊鏈圖示、分散式帳本圖片等。可用流程圖展示技術應用。

第三部分：物聯網如何改變生活和工作方式

- **佈局**: 每張幻燈片介紹一個應用場景，如智慧家庭、智能城市等。

- **設計元素**: 使用物聯網設備圖片，如智能家居設備、智慧城市圖等。可用交互圖表展示連接方式。

圖 7-2　ChatGPT 給出的簡報設計大綱 - 三個部分的主要內容

結論

- **佈局**: 左側放置總結文字，右側放置未來展望圖片。

- **設計元素**: 使用未來城市或科技發展趨勢圖。可用圖示或時間軸圖展示未來發展路徑。

圖 7-3　ChatGPT 給出的簡報設計大綱 - 結論

---

2. 顏色方案

- **主色調**: 深藍色 (#0A0A52) 和銀色 (#C0C0C0)，給人科技感和未來感。

- **配色**: 輔助使用亮藍色 (#00BFFF) 和白色 (#FFFFFF)，增強視覺對比。

- **強調色**: 使用亮橙色 (#FFA500) 突出重要信息和數據。

3. 字體選擇

- **標題字體**: 使用「Roboto」或「Montserrat」，字體大小建議在36-44之間，風格大膽且現代。

- **正文字體**: 使用「Open Sans」或「Lato」，字體大小建議在24-28之間，清晰易讀。

- **風格**: 使用無襯線字體，保持簡潔現代感。

圖 7-4　ChatGPT 給出的簡報設計大綱 - 顏色方案和字體選擇建議

---

4. 圖片和圖表建議

開場白

- **圖片**: 使用科技感強的抽象背景圖或地球全景圖。

- **圖表**: 無需圖表，使用簡單圖示強調重點。

第一部分

- **圖片**: 機器人、AI芯片、數據流動等科技圖片。

- **圖表**: 使用折線圖展示AI發展趨勢，圓餅圖展示AI市場分佈。

第二部分

- **圖片**: 區塊鏈圖示、分散式帳本、數字貨幣等。

- **圖表**: 使用流程圖展示區塊鏈工作原理，柱狀圖展示應用領域數據。

圖 7-5　ChatGPT 給出的簡報設計大綱 - 圖片和圖表設計建議 1

第三部分

- **圖片**: 智能家居設備、智慧城市圖、車聯網等。

- **圖表**: 使用交互圖表展示物聯網連接方式和範圍，熱點圖展示應用熱點。

結論

- **圖片**: 未來城市、科技發展趨勢圖、全息影像等。

- **圖表**: 使用時間軸圖展示未來發展路徑，圖示總結未來影響。

圖 7-6　ChatGPT給出的簡報設計大綱 - 圖片和圖表設計建議 2

可以看到 ChatGPT 生成的簡報設計大綱就好像有一個老師在你身邊教導你如何設計簡報一樣，可以參考這些建議去設計自己的簡報，有不懂的也可以繼續詢問 ChatGPT。這樣子不斷精益求精，相信各位一定能在演講台上展示出強大且令人眼睛一亮的簡報。

7.1.2 使用 Super PPT 來生成簡報設計大綱

Super PPT 是甚麼可能各位沒什麼聽過，這樣吧，我讓它來自己自我介紹一下。

Super PPT：我是一位專注於 PPT 製作的專家助手，能幫助使用者生成清晰、邏輯嚴謹的 PPT 大綱，撰寫詳盡的文案，並提供配圖素材，確保風格統一。透過蘇格拉底式對話法，我能夠引導使用者確認 PPT 的創作需求，確保每一步都貼合使用者的期望。與 GPT-4 的主要區別在於我的專注領域和工作流程。我專門針對 PPT 創作，具備深厚的設計技巧和元素知識，能夠從大綱生成到文案撰寫，甚至到圖片素材提供，提供全方位的支持。而 GPT-4 則是一個通用的語言模型，適用於廣泛的任務，但未必具備如此專注的 PPT 製作能力和流程。

以上就是 Super PPT 的自我介紹了，不知道各位有沒有更了解它，不過自我介紹說的這些誰都能說，現在就來驗證看看它是否有這個本事吧！

 筆者悄悄話

Super PPT 雖然是以簡體字為主的 ChatGPT 應用，不過在和它對話時可以使用指令「接下來請用繁體中文和我對話」，來保證 AI 的回答是繁體中文喔。

首先我們先來探索 GPT 這邊找找，或者使用以下網址來使用 Super PPT，如圖 7-7。

https://chatgpt.com/g/g-RfusSJbgM-chao-ji-pptsheng-cheng-super-ppt

圖 7-7　使用 Super PPT 應用步驟

(1) 首先點擊〔探索 GPT〕。

(2) 接著在搜尋欄中打入 Super PPT。

(3) 找到超級 PPT 生成（Super PPT）這個應用。

(4) 點擊後會看到這個框框中的介面，這是 Super PPT 的介面，這邊會有一些關於這個應用的基本介紹。

(5) 接著點擊開始交談，就可以和 Super PPT 對話了！

進入對話視窗後就來測試看看 Super PPT 是否真的有那麼厲害吧，剛剛它自我介紹說會透過**蘇格拉底式對話法**來引導各位建立出符合期望的簡報。那我們就使用一個簡單的指令讓它提問吧：接下來請用繁體中文和我對話。我想設計一個主題為未來科技趨勢的簡報。

接著就是它的回答，這次確實換它在對我們提問了（圖 7-8），了解我們的完整需求後才能提供完善且符合期望的建議吧。甚至不想回答的部分它會代勞，並預設一個通用場景讓我們回覆 XD。

好的，了解了。我會幫助你設計一個主題為未來科技趨勢的簡報。首先，我需要了解一些關鍵問題，以便更好地制定大綱和內容：

1. 你希望簡報的主要內容包括哪些科技趨勢？例如：人工智能、區塊鏈、量子計算、生物科技等。

2. 目標觀眾是誰？例如：企業管理層、技術專家、大學生等。

3. 你對簡報的內容詳細程度有什麼具體要求嗎？例如：需要詳細數據支持、簡單介紹、案例分析等。

4. 你是否有特定的風格或設計偏好？例如：簡潔現代、視覺衝擊、數據圖表等。

5. 還有什麼其他的補充信息是你覺得我們在設計簡報時需要考慮的？

請盡量回答這些問題，不想回答的部分我會代勞，並預設一個通用場景。等待你的回覆。

圖 7-8　Super PPT 的回覆

接著依據它的提問，來簡單的初步規劃一下：我希望簡報的主要內容包括人工智能與量子計算，目標觀眾為大學生，簡報的內容詳細程度我希望可以著重於簡單介紹、應用層面、案例分析。設計偏好沒有想法需要請你提供。

接著基於我的需求 Super PPT 開始進行初步的封面設計與目錄大綱，若有需要調整的部分，就繼續和 Super PPT 反覆修改；若沒有問題 Super PPT 將會進一步生成每一頁的具體文案。以下是 Super PPT 生成的初步大綱。

一 . 封面
主題：未來科技趨勢
作者：XXX
日期：2024 年 8 月 4 日

二 . 目錄
- 引言
- 人工智能
  - 人工智能簡介
  - 人工智能的應用
  - 案例分析
- 量子計算
  - 量子計算簡介
  - 量子計算的應用
  - 案例分析
- 結論

假設各位認為這個大綱給過，那就可以請它繼續生成：沒有問題，請繼續生成。

接著就能看到**完整的投影片內容大綱**，以下是回覆內容的節錄，我只將大綱展示出來，其他回覆就是前言等。它的回覆有時是以 markdown 語法回覆的，各位有興趣可以去看看這種語法的意思，但這並不影響我們閱讀。

這個大綱請各位先記住，等等在 8.1.3 章節中還會用到！

三 . 主體

01. 引言

未來科技趨勢

1. 科技的迅速發展正在改變我們的生活方式和工作方式。

2. 本簡報將重點介紹兩個前沿科技領域：人工智能與量子計算。

3. 我們將探討這些技術的基本原理、應用範圍以及具體案例。

02. 人工智能

人工智能簡介

1. 定義：

   人工智能（AI）是一門研究和開發模擬、延伸和擴展人類智能的理論、方法、技術及應用系統的學科。

2. 主要技術：

   - 機器學習：通過數據驅動的算法自動改進性能。

   - 深度學習：利用神經網絡來處理和理解複雜數據。

人工智能的應用

1. 醫療健康：

   - 精確診斷：通過 AI 算法分析醫療影像，輔助醫生診斷疾病。

   - 個性化治療：基於患者數據，提供個性化的治療方案。

2. 金融服務：

   - 風險管理：利用 AI 模型預測市場風險，幫助制定投資策略。

   - 欺詐檢測：通過模式識別技術檢測並防止欺詐行為。

3. 自動駕駛：

  - 自主導航：通過 AI 系統控制車輛，實現自動駕駛。

案例分析

1. IBM Watson：

  - 簡介：IBM Watson 是一個 AI 平台，利用自然語言處理和機器學習來提供智能解決方案。

  - 應用：在醫療領域，Watson 幫助醫生進行癌症診斷和治療方案推薦。

2. AlphaGo：

  - 簡介：由 DeepMind 開發的 AlphaGo 是一個圍棋 AI 系統。

  - 成就：AlphaGo 成功擊敗多位世界級圍棋冠軍，展示了 AI 在複雜戰略遊戲中的潛力。

03. 量子計算

量子計算簡介

1. 定義：

  量子計算是基於量子力學原理進行計算的新型計算方式。

2. 基本原理：

  - 量子位元（qubit）：量子計算的基本單位，可以同時處於多種狀態。

  - 量子糾纏和超疊加：這些特性使得量子計算可以並行處理大量計算任務。

量子計算的應用

1. 密碼學：

  - 量子密鑰分發：利用量子糾纏實現絕對安全的通信。

2. 材料科學：

  - 分子模擬：利用量子計算模擬和設計新材料，提升材料性能。

3. 金融建模：

- 風險分析：利用量子計算快速模擬市場變化，提升風險預測的準確性。

案例分析

1. Google 量子優越性：

- 簡介：Google 宣稱其量子處理器 Sycamore 達到量子優越性，在特定任務上超越傳統計算機。
- 應用：展示了量子計算在解決複雜計算問題上的潛力。

2. IBM Q：

- 簡介：IBM Q 是一個開放的量子計算平台，提供量子計算資源供研究和開發使用。
- 應用：研究人員利用 IBM Q 進行量子演算法開發和實驗。

04. 結論
未來展望

1. 人工智能和量子計算將繼續推動技術創新，改變各行各業。
2. 隨著技術的進步，這些前沿科技將帶來更多應用和商業機會。
3. 鼓勵學生們積極探索和學習這些新興技術，迎接未來的挑戰和機遇。

接著若是內容沒問題的話可以跟它說沒問題，接下來它會再進一步的生成每一頁的具體演講稿或提供圖片素材、視覺排版建議。

首先是演講稿的部分，它會將大綱在重新生成一次並且附上演講稿，在這邊我節錄一部分的大綱與演講稿給各位看看。

三 . 主體

01. 引言

未來科技趨勢

1. 科技的迅速發展正在改變我們的生活方式和工作方式。

2. 本簡報將重點介紹兩個前沿科技領域：人工智能與量子計算。

3. 我們將探討這些技術的基本原理、應用範圍以及具體案例。

演講稿：

大家好，歡迎來到今天的簡報。我們將探討兩個影響未來的關鍵科技領域：人工智能和量子計算。這些技術不僅在改變我們的日常生活，也在推動整個社會的進步。接下來，我們會深入了解這些技術的基本原理、它們在不同領域中的應用以及一些實際的案例。

02. 人工智能

人工智能簡介

1. 定義：

   人工智能（AI）是一門研究和開發模擬、延伸和擴展人類智能的理論、方法、技術及應用系統的學科。

2. 主要技術：

   - 機器學習：通過數據驅動的算法自動改進性能。

   - 深度學習：利用神經網絡來處理和理解複雜數據。

演講稿：

首先，我們來看看人工智能。人工智能，簡稱 AI，是一個模擬和擴展人類智能的學科。它包括了許多技術，其中最重要的兩個是機器學習和深度學習。機器學習通過分析大量數據來改進其性能，而深度學習則使用神經網絡來處理和理解複雜的數據。

可以看到新增的演講稿部分，若有需要甚至可以再進一步要求它給你圖片素材、視覺排版建議，或使用 Dalle 來生成每頁的背景圖片，非常全能。在這裡我來試試看請他提供排版建議以及圖片素材：請給我視覺排版建議，以及一些圖片素材。

可以看到 Super PPT 回覆的視覺排版建議如圖 7-9，因篇幅關係我只能節錄部分內容，沒想到它會回覆超多內容的 XD 除了圖片展示的以外還包含了圖片和圖表、頁面布局、顏色和對比等內容。

視覺排版建議

1. **簡潔現代風格**：

   - 使用簡單的配色方案，如藍色、灰色和白色，保持整體視覺的統一和專業感。

   - 每頁的內容應該簡潔明了，避免過多的文字，重點突出關鍵信息。

2. **標題和字體**：

   - 標題應該使用大而醒目的字體，如Arial Black或Helvetica Bold，確保觀眾能夠清晰看到每個部分的標題。

   - 正文使用易讀的字體，如Arial或Calibri，字體大小保持在18-24之間。

3. **圖片和圖表**：

   - 每頁至少包含一張相關圖片或圖表，以視覺化方式幫助觀眾理解內容。

   - 圖片應該高清且相關，避免使用模糊或不相關的圖片。

圖 7-9　Super PPT 提供的視覺排版建議

以及 Super PPT 提供的圖片素材建議如圖 7-10。

圖片素材建議

1. **人工智能**：

   - 圖片描述：一張顯示人工智能算法運行的圖片，或是AI機器人與人類互動的圖片。

   - 圖片描述：AI在醫療健康中的應用，例如AI診斷工具的圖片。

2. **量子計算**：

   - 圖片描述：一張展示量子計算機內部結構的圖片，或者是量子位元運算的示意圖。

   - 圖片描述：量子計算在材料科學中的應用，例如分子模擬的圖片。

3. **應用案例**：

   - 圖片描述：IBM Watson和AlphaGo的相關圖片，展示這些AI應用的實際情況。

   - 圖片描述：Google量子優越性和IBM Q的圖片，展示這些量子計算平台的應用。

圖 7-10　Super PPT 提供的圖片素材建議

它甚至會幫你生成圖片！它會跟你說一些章節中建議圖片的描述，讓你可以直接使用這段描述去生成圖片。以下圖 7-11 是節錄 Super PPT 部分的建議。

圖片素材示例

我會生成一些示例圖片的描述，你可以使用這些描述來尋找合適的圖片：

1. **人工智能算法運行：**
   - 圖片描述：顯示數據流動和算法運行的動態圖像，背景為深藍色，數據流以亮白色和淺藍色呈現。

2. **AI在醫療中的應用：**
   - 圖片描述：一位醫生使用AI診斷工具分析X光片或MRI圖像，背景為醫療環境，畫面清晰，突出AI工具的界面。

3. **量子計算機內部結構：**
   - 圖片描述：展示量子計算機內部結構的圖片，背景為實驗室環境，量子處理器以金屬光澤呈現，突顯其複雜的內部結構。

圖 7-11　Super PPT 提供的圖片素材描述範例

最後它生成了一張 16:7 的投影片封面背景圖片如圖 7-12，根據我們剛剛討論的風格設計的，這張生成的圖片你可以使用 4.13 章節的圖片編輯術進一步的去修正圖片的內容。

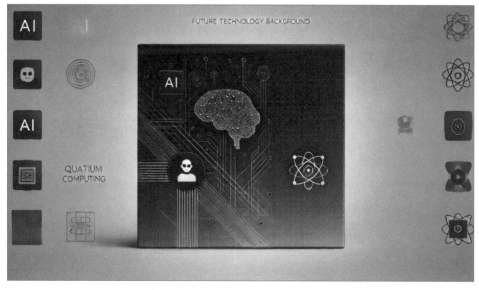

圖 7-12　Super PPT 生成的簡報封面圖

綜上所述，可以發現 Super PPT 相當是一位經驗豐富的 PPT 製作專家，能夠提供完整的 PPT 大綱、詳盡的文案撰寫和統一風格的配圖素材，甚至會幫助你生成圖片。它也能夠確保內容清晰易懂，適合目標觀眾。Super PPT 會根據用戶需求，提供詳細的視覺排版建議和專業的圖片素材，幫助各位創作出高品質的簡報。

小小題外話

單論簡報的大綱草稿生成能力，筆者會認為 Super PPT 的能力會更優秀於 GPT-4o，所以如果只需要進行簡報設計的話我真的誠心推薦你試用看看 Super PPT，筆者我也是嘗試了一次後直接一試成主顧。

7.2　第二十一招：簡報演講稿生成術

除了精美的簡報以外，擁有令人難忘的演講稿才能讓各位在報告中畫龍點睛，剛剛我們使用 Super PPT 來生成了一些簡報演講稿，不過，光有這些還不夠。要讓演講真正出彩，還需要適當的演講技巧和真摯的表達。首先，我們可以利用 ChatGPT 或者 Super PPT 來優化演講稿。

在生成演講稿的時候你需要注意一些關鍵詞，包含演講稿的**風格、語氣、演講的目的、聆聽報告的受眾、演講的場景、演講稿字數**等。風格大概就是正式、幽默等；語氣為你演講時具體的情感，例如莊重、熱情、輕鬆等等。以及一些**其他的需求**。

舉例來說，我將前一個小節的投影片大綱給 Super PPT 來請它再生成一次演講稿，這次我會對演講稿的內容有一些要求。以此例來說，我跟 Super PPT 說：（這邊是前一個章節生成的簡報大綱內容）。<u>請幫我根據上述大綱重新撰寫一篇輕鬆幽默的演講稿，針對大學生們以及一些業界人士，強調這項技術未來的重要性與應用。</u>

可以看到 Super PPT 的回覆如下圖 7-13 與圖 7-14，一樣因為篇幅原因我就不將所有內容展示出來了，只展示出前兩個章節的演講稿生成：

三. 主體

01. 引言

未來科技趨勢

1. 科技的迅速發展正在改變我們的生活方式和工作方式。
2. 本簡報將重點介紹兩個前沿科技領域：人工智能與量子計算。
3. 我們將探討這些技術的基本原理、應用範圍以及具體案例。

演講稿：
大家好，歡迎來到今天的簡報。我們今天要探討兩個非常酷的科技領域：人工智能和量子計算。這些技術就像科幻電影一樣，正一步步走進現實，改變我們的生活方式。接下來，我們會用一些輕鬆有趣的例子來說明這些技術的基本原理和應用範圍，希望大家在笑聲中學到知識。

圖 7-13　Super PPT 根據簡報大綱生成的演講稿 1

02. 人工智能

人工智能簡介

1. 定義：
   人工智能（AI）是一門研究和開發模擬、延伸和擴展人類智能的理論、方法、技術及應用系統的學科。
2. 主要技術：
   - 機器學習：通過數據驅動的算法自動改進性能。
   - 深度學習：利用神經網絡來處理和理解複雜數據。

演講稿：
首先，我們來聊聊人工智能。人工智能，簡稱AI，不是你科幻電影中的那種反派機器人，而是一門模擬人類智能的學科。它的核心技術有兩個：機器學習和深度學習。機器學習就像是AI的學習小助手，通過大量數據來提升自己；而深度學習則是AI的超級大腦，能夠處理和理解非常複雜的數據。

圖 7-14　Super PPT 根據簡報大綱生成的演講稿 2

可以看到 Super PPT 可以準確地根據你的要求以及簡報大綱來生成演講稿，後續也可以再和 Super PPT 再進一步討論、潤色、修改內容。

Note

簡報協作的
幾項精選工具

> 有了 Super PPT 生成出來的簡報大綱這個骨架之後，是時候為這副
> 骨架加上外觀以及靈魂了！

自從有了 ChatGPT 之後，筆者的簡報設計能力得到了顯著提升。透過使用 ChatGPT 與 Super PPT，我學習到了許多簡報設計的技巧和竅門。然而，除了 Super PPT 以外，市場上還有許多優秀的 AI 工具可以幫助我們更有效地製作簡報。這些工具不僅能夠提升我們製作簡報的效率，還能確保簡報的專業性和美觀度。

這章節我將要來介紹一些筆者精選的簡報製作的工具，例如 Gamma 與 Magic slides、MindShow，事不宜遲，趕快來看看這些工具吧！

學｜習｜目｜標

這章希望各位可以從中了解到 Gamma 與 Magic slides、MindShow 在簡報協作上常會用到的應用。

▶ 將簡報大綱透過 Gamma 來生成完整的簡報檔案。

▶ 使用 Magic slides 來將 YouTube 影片轉換成簡報檔案。

▶ MindShow 介面與相關功能簡介。

8.1　第二十二招：Gamma AI 快速生成簡報術

前面的章節我們只是使用 ChatGPT 和 Super PPT 來生成投影片的大綱，不過真要設計或許還要花很多時間，如果有 AI 工具能幫我們設計簡報就好了。你別說，還真的有呢！接下來要來介紹的 Gamma AI 就是一個很好用的例子，Gamma AI 是一款免費的 AI 簡報製作工具，具備自動生成大綱、圖文排版等功能。它可以理解使用者需求並搜尋相關資料，提供精美模板和多種客製化選項。Gamma 還支持嵌入第三方服務（如 YouTube 等），並提供多種圖片、影音資源，並能與

Google 雲端硬碟等應用程式整合。而且它的使用介面也相當簡單明瞭，適合快速製作簡報。

講了那麼多，接下來就來看看如何使用 Gamma AI 吧！

8.1.1 註冊與登入

輸入以下網址就會到 Gamma AI 的首頁，如圖 8-1。

https://gamma.app/

圖 8-1　Gamma AI 首頁

圖 8-2　Gamma AI 右上角的選單

Gamma AI 右上角的選單（圖 8-2）由左到右分別是**定價**（**Pricing**）也就是購買 Plus 版跟 Pro 版本的地方、**工作機會**（**Careers**），若你對於開發這種生成式 AI 模型有興趣以及專業能力和充足的經驗，目前有提供職缺、**語言**（**預設為英文，可以改為繁體中文**）、**登入**（**Login**）、**免費試用**（**Try for free**）。

可以點擊登入來使用這個工具如圖 8-3，首先點擊**登入（Login）**。接著可以註冊帳號密碼並登入；或者有 Google 帳號的人也可以直接使用 Google 帳號登入，筆者習慣直接使用 Google 帳號登入。

圖 8-3　Gamma AI 登入頁面

登入之後，可以看到 Gamma AI 的工作主頁面如圖 8-4，接下來下一小節我將會介紹這個頁面的一些常見功能。

8.1.2 Gamma AI 工作主頁面

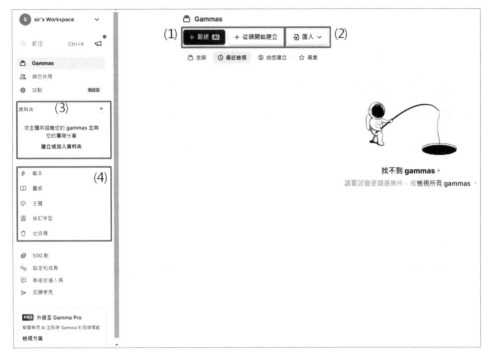

圖 8-4　Gamma AI 工作主頁面

接下來我來簡單的介紹一下 Gamma AI 的主頁面：

(1) 新建檔案：這裡分成兩個按鈕，左邊那個是使用 AI 協助幫忙建立的，你只需要根據文字或者現有檔案、網頁等就能夠幫你用 AI 直接製作出成果來。而右邊那個則是手動製作簡報檔，可以使用它的模板等功能來輔助建立。

(2) 匯入檔案：這裡一樣分成 AI 匯入以及一般匯入，可以匯入的檔案有 PPT 簡報、Word 文件、PDF 文件、Google 雲端的文件、網頁、網路文章、Notion 文件等，匯入到 Gamma 後就可以使用 Gamma 的功能進行編輯了。

(3) 資料夾：若各位或各位的團隊有需要進行大量製作簡報檔案的工作或者相關需求的話，就可以用資料夾來將不同主題、不同團隊等不同的項目分門別類。

(4) 相關工具：這裡擁有一些不同的功能。

1. **範本**：這邊有許多範本可以給使用者一個好的開始，可根據不同簡報類型選擇
   不同範本（圖 8-5）。

圖 8-5　不同範本類型

2. **靈感**：這裡有一些模板以及範例，可以提供給使用者一些創作上的啟發
   （圖 8-6）。

圖 8-6　不同靈感類型

3. **主題**：這裡可以自訂主題，若公司或者個人團隊有設計風格的話可以在主題這邊自定義，確保團隊或者公司出品的結果都有相同的風格。

4. **自訂字型**：這裡需要購買 Pro 版本才能夠上傳自定義的字型，也是一樣可以提供給使用者一個統一且保有個人風格的字型設計。

5. **垃圾桶**：那些被刪除的檔案們的歸宿。

以上就是一些常用的功能介紹，接下來就來使用 Gamma AI 來建立簡報吧！

8.1.3　使用 Gamma AI 建立簡報

要使用 Gamma AI 建立簡報也非常簡單，你只需要輕輕點一下〔新建〕，然後就會進入如圖 8-7 的頁面：

圖 8-7　選擇新建檔案的方式

這邊分成三種建立新檔的方式。

- **貼上文字**：這個需要你有對簡報設計的大綱以及已經有一些文字內容，再根據這些內容生成完整簡報檔案。

- **產生**：這個是熱門選項，給完全沒有想法的人使用幾個簡單的題詞來生成一個完整的簡報，不過因為只是依照短短的題詞生成結果，所以結果或許會和各位想像的有些差距。

- **匯入檔案或網址**：將目前有的簡報檔案或者其他文件直接匯入，Gamma AI 會幫你潤飾現有檔案。

我們先嘗試最左邊的〔貼上文字〕好了，點擊貼上文字，然後把 7.1.2 節中介紹到的**完整的投影片內容大綱**給貼上如圖 8-8，來看看會發生甚麼事吧！

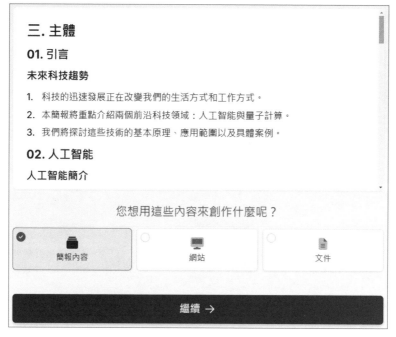

圖 8-8　貼上簡報大綱

貼上大綱後會看到它提問「您想用這些內容來創作什麼呢？」所以可以發現 Gamma AI 不只可以製作簡報，還能夠製作網站以及一般的文件。所以各位若有網站設計或者一般文件設計也可以使用 Gamma AI 喔。

其他像是生成網站與文件各位有興趣的話可以自行動手試試看。生成結果說實在的和簡報沒有太大的差別，就是整個架構稍稍不同，例如生成文件的話整個檔案將會以文字為主，就不像簡報那樣圖片和文字各占約一半的空間。

點擊〔繼續〕之後就可以看到提詞編輯器，如圖 8-9。

圖 8-9　提詞編輯器

這裡主要分成三個部分，分別為左邊的設定、中間的內容、右邊的提示，接下來我來向各位介紹一下這三個部分。

- 設定：這裡又分出了一些細項，包含文字內容、圖片、格式。

  - 文字內容：這裡會讓你設定文字內容的方式，〔產生〕是一句你給的大綱去撰寫更多細節；〔緊縮〕是將內容縮短，使整個結果更簡潔易懂；〔保留〕是保留原始內容的同時也重新格式化簡報（圖 8-10）。

    每張卡片的最大文字數顧名思義是會控制每個投影片中需要用到的文字總數。卡片的意思就是投影片數量。

    輸出語言就更不用解釋了吧 XD 就是輸出簡報使用的語言。

圖 8-10　提詞編輯器 - 設定 - 文字內容

- 圖片：圖片來源可以選擇網頁圖片搜尋或者 AI 圖片生成，圖片樣式的話就是可以輸入一些提詞讓 AI 生成的圖片更加符合設計的需求，這些提詞等在 7.1.2 節都有介紹到，也有請 Super PPT 生成完整的設計，各位可以試試看（圖 8-11）。

  最後也可以選擇圖片生成的模型，包含 Stable Diffusion XL、Playground 2.5 等強大的圖片生成模型。

圖 8-11　提詞編輯器 - 設定 - 圖片

■ 格式：這邊會讓你再次選擇格式要使用簡報、網頁或是文件（圖 8-12）。

卡片高度就是設定投影片的大小，設定卡片的最小高度和長寬比。

卡片寬度可以讓你設定投影片的寬度（廢話）。

最後還有附加說明可以讓你針對這些設定輸入一些其餘的附加說明，例如視覺上的設計大綱等。

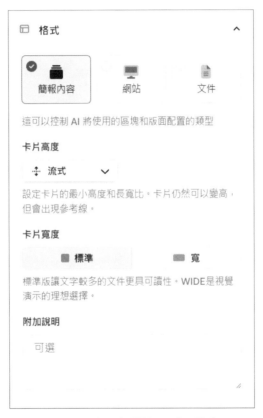

圖 8-12　提詞編輯器 - 設定 - 格式

■ 內容：這裡除了輸入內容以外還可以讓你選擇格式，〔自由格式〕可讓各
位隨意增減內容並放置在各位設定的卡片數量中（下圖使用八張卡片）。
卡片數量在最底下可以讓你設定（圖 8-13）。

圖 8-13　提詞編輯器 - 內容 - 自由格式

〔逐卡片〕則會幫你分割內容到每個投影片中，如圖 8-14，此時投影片數量就會依據分割結果設定，這功能可以更好的編輯每張投影片的內容。

圖 8-14　提詞編輯器 - 內容 - 逐卡片

● 提示：這邊會提示自由格式與逐卡片的一些說明。

接著就按下繼續吧！接著就來到了主題預覽如圖 8-15，這裡會給你看一些主題並讓你選擇投影片要使用甚麼風格的主題設計。主題選擇好了之後就按下右上角的〔產生〕就好了！

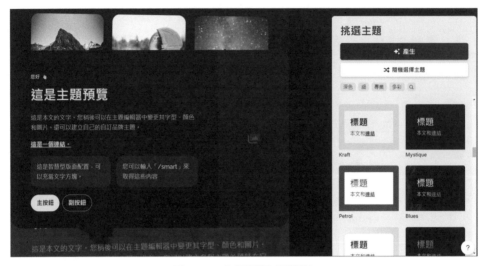

圖 8-15　主題預覽以及選擇

最後就來看看結果吧，結果如圖 8-16 所示！

圖 8-16　投影片生成結果

可以看到 Gamma AI 是可以根據你的需求確實生成一個完整的投影片，在生成結果這個頁面中各位也可以使用右方工具欄進行進一步的編輯。上方按鈕中的〔主題〕也可以讓你重新選擇主題，〔分享〕可以讓你新增合作人員，或者透過網路分享這份作品；也可以將結果匯出成 PPT 檔案或者 PDF 檔案如圖 8-17，〔展示〕可以讓你播放簡報內容。

圖 8-17　分享匯出成 PDF 或者 PPT 檔案

總上所述，各位可以看到 Gamma AI 強大的功能，它可以依據 ChatGPT 或者 Super PPT 等工具生成的投影片大綱生成最終的投影片結果。所以在製作簡報上筆者很推薦同時使用 Super PPT 與 Gamma AI 來從零開始生成簡報。

以上就是 Gamma AI 的介紹了，各位若有興趣不妨自己嘗試看看建立屬於自己的投影片！

8.2 第二十三招：Magic slides 影片轉換簡報術

上一章節向各位介紹了 Gamma AI 不知道各位是否有實作過一次了。如果有的話不知各位是否有讚嘆當今科技下的產物，讓各位的工作效率提升了許多，不過還是要老話一句盡量不要 100% 依賴 AI，和 AI 一起協同工作才會達成最佳的工作效果喔！

這章節我想向各位介紹另一個很好用的簡報生成工具也就是 Magic slides，它可以將文字大綱、網頁內容、YouTube 影片、以及 PDF 檔案等轉換成簡報，聽起來是不是很厲害啊。如果各位覺得很厲害的話就跟著我一起來實作一次看看吧！

8.2.1 註冊與登入

各位可以透過以下網址進入 Magic slides 的主頁面，主頁面如圖 8-18 所示，可以點擊右上角登入或者註冊帳號（圖 8-19）。

https://www.magicslides.app/

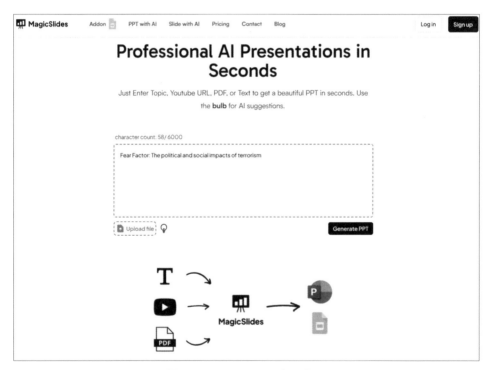

圖 8-18　Magic slides 主要介面

若有 Google 帳號的直接使用 Google 帳號登入就好了，若不想使用 Google 帳號或者沒有 Google 帳號的話，就點擊底下〔Sign up〕註冊新帳號並且登入就好了，筆者使用 Google 帳號登入。

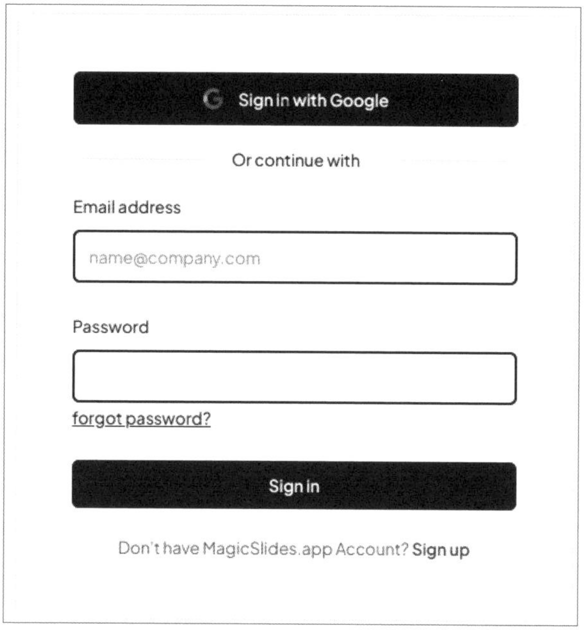

圖 8-19　Magic slides 登入頁面

登入後就會看到左上角出現了帳戶訊息，如圖 8-20，credits:3 代表免費額度還剩 3 個，只能再生成 3 個簡報了，若要生成更多簡報則需要付費購買完整版。

圖 8-20　Magic slides 登入後的帳號訊息以及生成額度

8.2.2　主要功能介紹

可以看到主介面圖 8-21，相較於 Gamma AI，Magic slides 比較陽春，簡單的介面也意味著它更好上手。

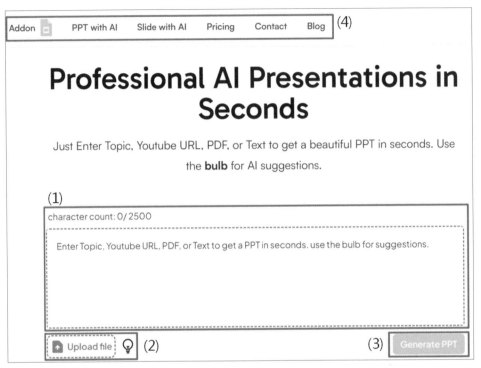

圖 8-21　Magic slides 主介面說明

整個介面可以大致分為幾個部分：

(1) 輸入區域：這邊可以輸入簡短文字、詳細投影片大綱、PDF 檔案、YouTube 的網址等，用以生成 PPT 簡報。

(2) 上傳檔案與燈泡按鈕：這裡提供使用者上傳 PDF 檔案，右邊的燈泡按鈕可以提供使用者一個初步的範例，如果沒有主題只是想試用看看 Magic slides 的話就可以使用燈泡來為各位提供一個範例。

(3) 生成 PPT：輸入文字或者上傳 PDF 檔案完成後就可以直接生成 PPT 啦。

(4) 上方選單：上方選單這邊又提供了更多連結給使用者，我將由左至右向各位介紹。

1. **新增 Google PPT 外掛（Addon）**：這邊可以新增外掛到 Google 簡報中，讓各位在使用 Google 簡報協作時可以再有 AI 的幫助。若有興趣的話可以到以下網址查看安裝教學。

https://www.magicslides.app/addon#get-started-addon

2. **使用 AI 生成簡報（PPT with AI）**：這邊有提供許多應用給使用者，讓各位可以選擇功能，例如從主題生成簡報、從 YouTube 生成簡報等，如圖 8-22。

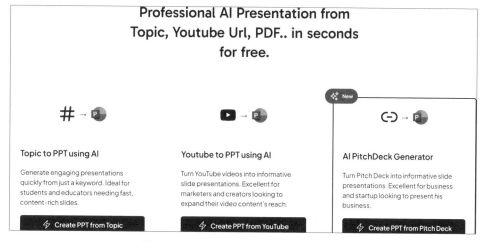

圖 8-22　Magic slides 生成簡報功能選擇

3. **使用 AI 生成單張投影片（Slide with AI）**：除了生成完整簡報以外也可以生成單張投影片，這個頁面會提供各種不同的投影片樣式給使用者選擇，如圖 8-23。

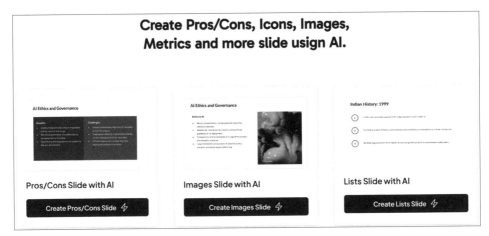

圖 8-23　Magic slides 生成投影片樣式選擇

4. **購買完整版（Pricing）**：若你喜歡這個應用想花錢購買完整版的話這邊有一些定價參考，可以給使用者看看，這邊也有詳細說明不同價位的功能差異供使用者比較，如圖 8-24。

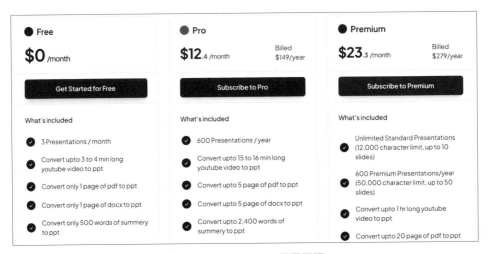

圖 8-24　Magic slides 購買頁面

5. **聯絡作者們（Contact）**：若遇到問題或者需要聯絡作者的話可以透過這個地方聯絡作者，只需要填寫 Email（提供作者回信）、遇到的問題以及遇到問題的螢幕截圖（選填），如圖 8-25。

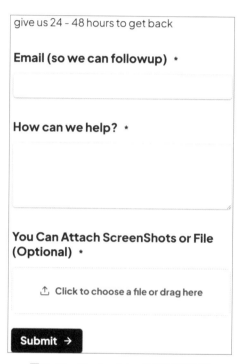

圖 8-25　Magic slides 問題回報頁面

6. **討論區（Blog）**：這邊有一些作者以及其他人提供討論區與一些教學給使用者參考，不過這些文章都是英文的，若對英文不熟悉可用翻譯軟體進行翻譯（例如 ChatGPT）。

8.2.3　簡易生成簡報範例

在 Magic slides 主介面的輸入區域中只需要輸入主題、YouTube 連結、PDF 或詳細文字大綱就可以在幾秒鐘內獲得 PPT，各位也可以使用 Upload file 旁邊的〔燈泡按鈕〕獲取一些範例，可參考下圖 8-26。

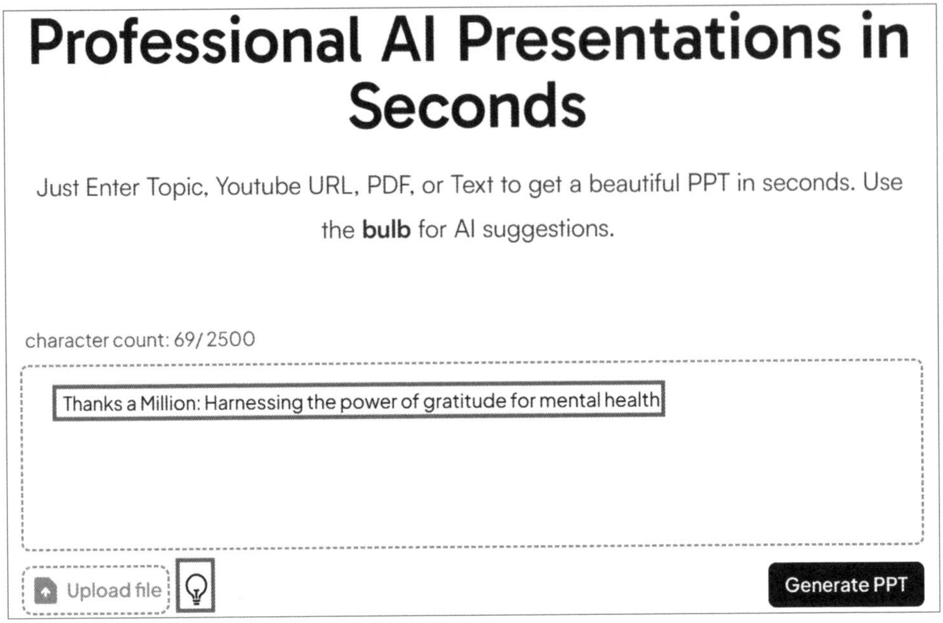

Professional AI Presentations in Seconds

Just Enter Topic, Youtube URL, PDF, or Text to get a beautiful PPT in seconds. Use the **bulb** for AI suggestions.

character count: 69 / 2500

Thanks a Million: Harnessing the power of gratitude for mental health

Upload file　💡　Generate PPT

圖 8-26　Magic slides 燈泡按鈕與範例輸入

在這個小節中我先就使用這個燈泡，讓各位看看快速生成的簡報大約是甚麼樣子的。點擊燈泡生成的範例為：（Thanks a Million: Harnessing the power of gratitude for mental health.）翻譯過來就是：感恩萬分——運用感恩的力量提升心理健康。

接著就來讓 Magic slides 開始生成吧，我們需要針對生成內容下達一些指示給 Magic slides。

首先可以選擇生成的內容多寡，〔短（Short）〕的簡報大約只有 3~8 張投影片；〔資訊豐富（Informative）〕的簡報大約有 8~12 張投影片；生成〔更多細節（Detailed）〕的簡報會有 12 張以上的投影片；除此之外也可以〔自定義（Custom）〕投影片數量。

生成的語言目前若沒購買完整版的話只能生成英文簡報，算是美中不足的一個地方。

圖片的話，也是升級過後可以使用 AI 生成的圖片來放在投影片中。

最後就是可以選擇不同模板了，目前只有兩個模板提供給使用者選擇（圖 8-27），未來會不會解鎖更多模板就期待作者後續的更新囉。

圖 8-27　Magic slides 建立簡報頁面

都選擇好了之後就可以按下圖 8-28 中最底下的〔Generate Presentation（生成簡報）〕。

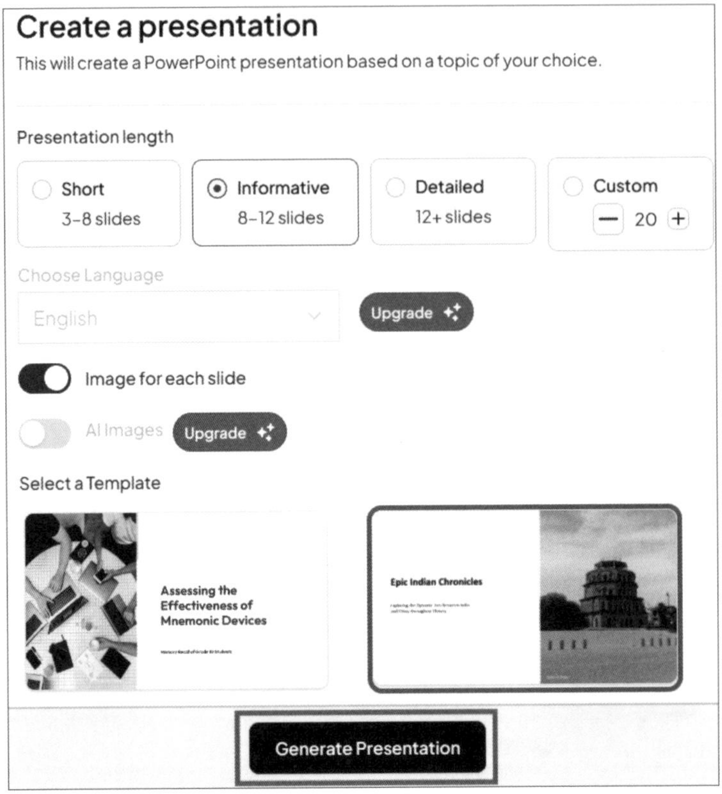

圖 8-28　設定完成後生成簡報

接著等待一下 Magic slides 生成吧！生成完成後就可以看到完整的簡報了，如圖 8-29，這次它幫我生成了 11 頁的簡報。

圖 8-29　Magic slides 生成的簡報（節錄）

圖 8-30 右上角可以繼續生成新的投影片或者直接下載這份生成的 PPT 簡報檔案，不過從這邊下載檔案要解鎖完整版。

圖 8-30　生成新的投影片或者下載簡報

各位也可以從圖 8-31 右下角這邊下載投影片，不過筆者沒有購買完整版不清楚這兩個地方下載的檔案差別在哪裡，點擊右下角框起來的按鈕後就會看到〔下載複本〕也就是下載簡報的 pptx 檔案；以及〔列印為 PDF〕，可以選擇列印檔案出來或者儲存成 PDF 檔案。

圖 8-31　下載簡報或者列印、儲存成 PDF

以上就是使用 Magic slides 簡易生成簡報檔案的範例了，各位有興趣也可以照著需求或者前面 7.1.2 章節建立的簡報大綱去生成簡報，實際體驗看看這項 AI 工具喔。接下來我將來正式介紹使用 YouTube 影片生成投影片的方式了。

8.2.4 Magic slides 透過 YouTube 影片生成簡報

接下來我將向各位介紹如何透過 YouTube 影片來生成簡報，在 8.2.2 章節我有分享過 Magic slides 的主要介面了，從上方選單的〔PPT with AI〕這邊我們可以選擇生成的來源，也就是 YouTube 影片的連結。找到如下圖 8-32 的連結後就可以點擊〔Create PPT from YouTube〕，介面看起來沒有太大變化，但不確定 Magic slides 的後端是否使用了其他工具來提升生成的準確性。

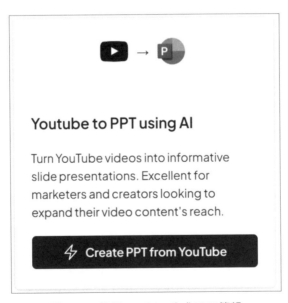

圖 8-32　使用 YouTube 生成 PPT 簡報

我們今天使用的影片是 **Magic slides** 的官方 **YouTube 頻道**[1] 中的其中一部影片，標題為「Learn How AI Helps You Create Professional Presentations in Seconds!」，這是一部簡介 AI 如何幫助使用者在幾秒鐘就建立出一個簡報的影片，此影片的連結為：

https://www.youtube.com/watch?v=pVbpXJrRO44

接下來就用這個連結來生成簡報吧！進入介面後將這個連結輸入進去後點擊〔Update File/Url with Text〕，如圖 8-33。

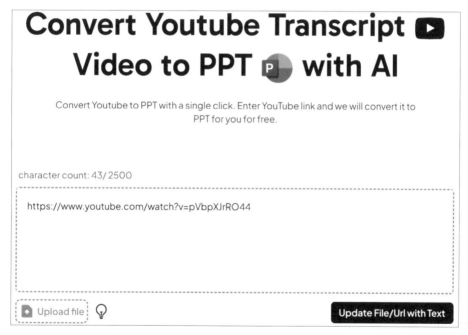

圖 8-33　輸入 YouTube 網址點擊右下角讀取影片

接著會進入建立簡報的頁面，和 8.2.3 的介紹內容是一樣的流程，選擇設定完成後按下最下面的〔Generate Presentation〕即可，如圖 8-34。

1　https://www.youtube.com/@magicslidesapp

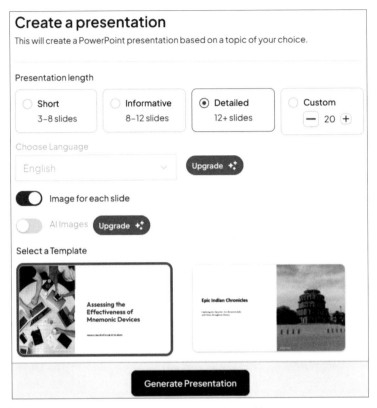

圖 8-34　設定影片生成的細節

✎ **筆者悄悄話**

目前 YouTube 影片讀取內容大多都是讀取 CC 字幕的內容，所以影片若沒有 CC 字幕的話則會上傳失敗，請各位使用者要注意一下。

一樣可以看到生成的簡報內容了！這邊我節錄幾頁分享給各位，可以參考圖 8-35 至圖 8-39，不過簡報封面頁的標題是以 YouTube 的網址生成的，所以後續可能還是要請各位手動更改一下。

**Insights from
pVbpXJrRO44**

A Deep Dive into the Video

圖 8-35　生成的簡報封面

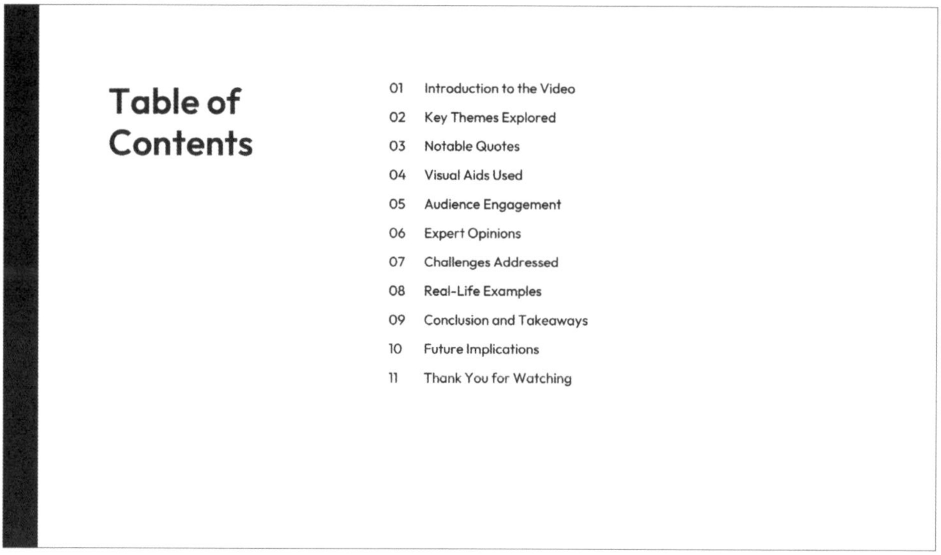

**Table of
Contents**

01　Introduction to the Video

02　Key Themes Explored

03　Notable Quotes

04　Visual Aids Used

05　Audience Engagement

06　Expert Opinions

07　Challenges Addressed

08　Real-Life Examples

09　Conclusion and Takeaways

10　Future Implications

11　Thank You for Watching

圖 8-36　生成的簡報目錄

圖 8-37　生成的簡報內頁第 1 頁（內容節錄）

圖 8-38　生成的簡報內頁第 4 頁（內容節錄）

圖 8-39　生成的簡報最後一頁致謝頁

到這邊關於 Magic slides 的分享就結束了，這款軟體與 Gamma AI 有著一些差異，不過整體來説都是不錯的應用，彼此之間也有一些不同的特點。但只希望後續 Magic slides 可以支援免費生成繁體中文的簡報，讓中文使用者可以更方便的製作出簡報來。

8.3 第二十四招：MindShow 簡報生成術

剛剛介紹了幾個不錯的軟體，不過我想再分享最後一個簡報生成的軟體。有請 MindShow 出場！這個軟體可以根據簡短的標題產生簡報大綱，接著用戶覺得 ok 再生成簡報，若覺得不合適的話可以再輸入其他要求去重新生成簡報大綱 & 生成簡報喔，也是一款相當方便的工具。

筆者悄悄話

這款軟體先前需要用戶以 markdown 的方式將簡報大綱內容輸入進去，此時就需要透過 ChatGPT 來生成簡報 markdown 內容，比較不方便，不過筆者後來發現它更新之後就不需要用戶麻煩的輸入 markdown 了，它會先幫你生成大綱，真是可喜可賀！

註冊與登入

首先透過下方網址進入 MindShow：

https://www.mindshow.fun/#/home

接著會看到如圖 8-40 的主畫面。

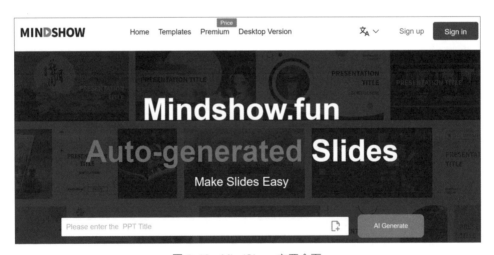

圖 8-40　MindShow 主要介面

接著可以點擊右上角將語言轉換為繁體中文，接著也可以點擊註冊或登入，點擊 Sign up 之後即可進入如圖 8-41 的註冊頁面，因為 MindShow 目前並不支援使用 Google 帳號登入，所以基本上都要註冊新帳號。

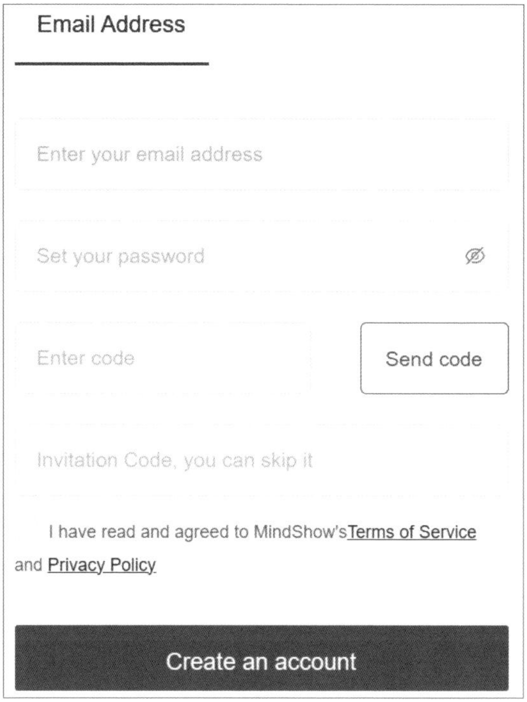

圖 8-41　MindShow 註冊介面

接下來只需要輸入 E-mail，然後再輸入密碼，接著點擊框框中的〔Send code〕，到註冊的 E-mail 信箱中查看 MindShow 發送的 code 並輸入，最後即可點擊 Create an account 來註冊一個新帳號。

接著就可以點擊 Sign in 並輸入剛剛註冊的帳號登入了！

🔷 主要功能介紹

在這裡我會簡單的介紹一些 MindShow 的主要功能，隨著應用不斷的更新，目前有許多新的功能可以使用，接下來就來看看它有甚麼功能吧！

圖 8-42　MindShow 功能列表

快速創建：這邊分成幾個生成的方向，若沒有方向的話可以全權交給 AI 來幫你生成，這個介面如同圖 8-43 一樣：

圖 8-43　MindShow 快速創建功能

可以輸入標題，讓 AI 直接幫你生成出大綱來，如果對於大綱有些想法或者有請
Chat GPT 生成的話，可以點擊〔更多選項〕來打開如圖 8-44 的細節設定介面。

圖 8-44　MindShow 快速生成簡報的細節設定

在這裡可以針對簡報設計去進行詳細的設計，接著輸入完成後在右邊可以看到
〔AI 生成 PPT 內容預覽〕。

如果你知道想做甚麼類型的簡報的話，你可以直接選擇你想做的簡報類型，例如
筆者選擇〔培訓課件〕的話就會看到一個空白文檔（基本上選擇別的也是會看到
一個空白文檔）。

圖 8-45　選擇培訓課件

接著可以看看到如圖 8-46 的介面，在圖片左邊可以設定標題、副標題等，還有大綱以及主要內文。右邊可以選擇簡報的〔模板〕和〔佈局〕，也可以透過預覽看看目前的簡報設計結果大致上是怎樣。

圖 8-46　簡報設計界面

設計完成後就可以點擊畫面右上角的〔下載〕來下載檔案，可以下載 PDF 格式，或者有無動畫的 pptx 格式都可以，相當全面！

圖 8-47　下載檔案

- **導入生成 PPT**：這邊就可以透過 markdown 語法、Word 檔案（副檔名為 .docx）、心智圖檔案（副檔名為 .xmind 或 .mm）檔案以及 logseq 大綱筆記軟體的文字進行上傳並生成投影片。

- **長文轉 PPT（須付費解鎖）**：這邊可以輸入較長的文字（不過筆者沒有測試過上限），並將之轉換成簡報，不過這項功能也需要購買完整版才可以。

- **AI 產生單頁 PPT**：這邊可以輸入文字和圖片（可以擇一填寫或者一起上傳）並生成單頁的投影片，如圖 8-48。

圖 8-48　MindShow 生成單頁的簡報

- **我的演示**：這邊是各位若有生成出簡報的話就會先儲存在這裡。

- **回收站**：丟棄的簡報的歸宿。

- **自訂模板（須付費解鎖）**：這裡可以建立自定義的模板，讓生成的 PPT 能有一個統一的風格！

- **帳戶設定與邀請獎勵**：這裡就是設定你的帳戶，可以在這邊付費購買完整版、修改密碼、修改介面的語言等。邀請獎勵就是可以在朋友註冊時輸入你的邀請碼，這樣各位和被邀請的朋友都將獲得 3 天高級會員獎勵，不過筆者沒朋友可以測試 TT。

小小題外話

目前這項應用我覺得可能要擁有付費會員才能夠獲得比較完善的體驗，所以各位若有需要可以透過邀請朋友來獲得免費會員 (雖然只有三天)，不過還是可以把握時間體驗完整版的功能喔！

除此之外因篇幅關係筆者這章節就不進行實作了，各位若有興趣的話歡迎體驗看看！

AI 協作的其他應用

> 除了協助撰寫 Word、Excel、Power Point 以外，AI 能做到的事情
> 還多著呢！

自從有了 ChatGPT，辦公室的工作流程變得更加高效和便利。除了幫助我們撰寫 Word 文件、製作 Excel 表格和設計 PowerPoint 簡報，AI 還具備許多其他實用應用。第九章中我將為各位介紹更多關於 AI 協作的應用，讓各位在職場與日常生活中能夠如魚得水、如虎添翼。

在這一章中，我們將分享一些圖片生成的應用、如何總結網頁文章、與 ChatGPT 進行高效對話（真的用語音對話）、時事追蹤以及 CV 履歷生成等實用技巧。無論是新手、職場老手、學生，還是一般使用者，都可以從中學到有價值的技巧和竅門。接下來就讓我們一起深入了解這些 AI 協作的其他應用，發掘 ChatGPT 的更多潛力吧！

學│習│目│標

這章節我想分享更多 AI 的其他應用，不過這些應用真的說也說不完，所以就挑選幾個我個人日常生活比較常用到的應用吧！

▶ 使用 Search GPT 來搜尋特定的 Open AI 模型應用。

9.1 第二十五招：流程圖生成術

接下來要來介紹的選手也很厲害，它不像 Stable Diffusion 一樣可以生成那種精美的圖片用於當成桌布、大頭貼、文件或簡報中。不過它可以為你創造出一些更專業、職場上常見的圖片，例如思維導圖、時間軸、流程圖等，以便更有效地展示數據、概念和流程。在這個小節中我要來展示一個創造流程圖的範例。

首先來找到這項應用，它的名字有點長，叫做：「**Diagrams ‹Show Me› for Presentations, Code, Excel**」，接下來請參考圖 9-1 並依據下列步驟來使用這個 AI 吧。

圖 9-1　Diagrams <Show Me> for Presentations, Code, Excel 安裝方式

(1) 首先點擊〔探索 GPT〕。

(2) 接著在搜尋欄中打入 Diagrams <Show Me> for Presentations, Code, Excel。

(3) 找到 Diagrams <Show Me> for Presentations, Code, Excel 這個應用。

(4) 點擊後會看到這個框框中的介面，這是 Diagrams <Show Me> for Presentations, Code, Excel 的介面，這邊會有一些關於這個應用的基本介紹。

(5) 接著點擊開始交談就可以和這個 AI 對話了！

接著你只需要輸入**資料**，並告訴這個 AI 你**想生成甚麼樣的圖片**就好了，例如我想把安裝 Python 流程步驟的文字用來生成流程圖的話，只需要將文字內容和需求告訴 AI 就好了，以此例來說可以說：（**這邊是流程步驟文字，在本節末尾會附上完整內容**）。請幫我依據以上流程畫出一個流程圖。

接著它會向你徵詢許可，因為它會與其他應用連結、交談，按下〔允許〕即可，
如圖 9-2。

圖 9-2　允許 AI 生成圖片

接著就等待它生成圖片吧。雖然生成的圖片或許有一點差異如圖 9-3（字小到幾
乎看不到 TT，放大後的部分內容如圖 9-4），不過各位也可以再進行編輯，將圖
片修改成符合要求的形式。

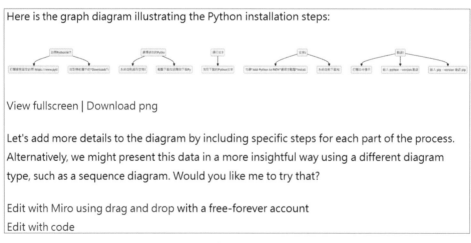

圖 9-3　AI 生成流程圖以及說明結果

各位可以點擊〔View fullscreen〕來打開新視窗查看圖片；按下〔Download
png〕則可以直接下載圖片為 png 檔案。

圖 9-4　AI 生成流程圖部分內容

若對圖片不滿意可以請它修正後再生成，或者直接點擊〔Edit with Miro using drag and drop〕來編輯生成的圖片檔案。這項應用也有提供程式碼生成的服務，只需要點擊〔Edit with code〕就可以用程式碼來修正這張圖片了。

整體來說，這個 AI 生成的內容或許不會到那麼專業，但它優秀就在使用者可以根據生成結果繼續編輯，達成人和 AI 一起協作的場面，也可以降低使用者的工作量（前提是 AI 沒有幫倒忙 XD）。

最後就是我的完整輸入指令了，這段安裝 Python 的流程範例我也是請 ChatGPT 生成的。

下載並安裝 Python 的流程步驟

步驟 1：訪問 Python 官方網站

　　　　打開瀏覽器，輸入網址 https://www.python.org 並按下 Enter 鍵。

　　　　在首頁上，找到導航欄中的 "Downloads" 選項，點擊進入下載頁面。

步驟 2：選擇適合的 Python 版本

　　　　在下載頁面，系統會自動識別並推薦適合您操作系統的 Python 版本（例如：Windows、MacOS 或 Linux）。

　　　　點擊推薦版本的下載按鈕開始下載 Python 安裝包。

步驟 3：運行安裝程式

　　　　下載完成後，找到下載的 Python 安裝包（通常位於 " 下載 " 資料夾中）。

　　　　點擊執行安裝程式。

步驟 4：安裝設置

　　在安裝界面中，勾選 "Add Python to PATH" 選項，這將使 Python
命令可在命令提示字元（CMD）中直接使用。

　　點擊 "Install Now" 按鈕開始安裝。

　　安裝過程中，系統會自動下載和安裝所需的依賴包。這個過程可能
需要幾分鐘。

步驟 5：驗證安裝

　　安裝完成後，打開命令提示字元（Windows）或終端（MacOS/Linux）。

　　輸入 python --version 並按下 Enter 鍵，如果顯示出 Python 的版本
編號（例如：Python 3.9.6），則表示安裝成功。

　　您也可以輸入 pip --version 來確認 pip（Python 的包管理工具）是
否已成功安裝。

　　請幫我依據以上流程畫出一個流程圖。

9.2 第二十六招：網頁文章總結術

面對現今大量的網頁內容，如何快速擷取文章重點成為了一大挑戰。這一節，我
將分享如何使用 TinaMind 進行網頁文章總結，幫助各位從落落長的文章中迅速
抓住核心要點。無論是新聞報導、技術文章還是學術論文等，TinaMind 都能在短
時間內生成簡明扼要的總結，節省各位的時間和精力（可以多泡一杯咖啡）。

TinaMind 是一個 Google 擴充功能，它可以在你打開網頁的時候作為網頁小精靈
在旁邊等候號令，首先我們要到 Chrome 線上應用程式商店並搜尋 TinaMind。

Chrome 線上應用程式商店商店網址位於：

https://chromewebstore.google.com/

接著搜尋 TinaMind 之後可以找到它的頁面，如圖 9-5。**請注意，因版本更迭速度快，所以可能搜尋到之後頁面長的不太一樣。**

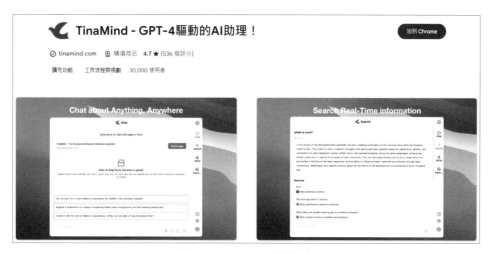

圖 9-5　TinaMind 頁面內容

如果你找不到的話也可以輸入以下網址，不過網址就有點冗長了：

https://chromewebstore.google.com/detail/tinamind-gpt-4%E9%A9%85%E5%8B%95%E7%9A%84ai%E5%8A%A9%E7%90%86%EF%BC%81/befflofjcniongenjmbkgkoljhgliihe

找到頁面後按下右上角的〔加到 Chrome〕，並〔新增擴充功能〕。

接著就可以使用這項工具了，通常它會顯示在網頁的右手邊如圖 9-6，如果沒有的話就關掉網頁後再重新開啟網頁。

圖 9-6　TinaMind 擴充功能的圖示

點擊它就可以打開 TinaMind 小精靈（圖 9-7），接著就登入 TinaMind，按下〔Sign in〕就可登入。

圖 9-7　登入 TinaMind

登入完成後就可以看到 TinaMind 的主頁面，至此就可以與這個 AI 對話了。可以看到介面中上方有〔閱讀頁面〕，中間可以拖曳 PDF、word 檔案、PPT 檔案等上傳並與 TinaMind 對話。下方有一般的對話框可以直接與 TinaMind 進行交談。

這個範例我們就打開 ChatGPT 的網頁並請 TinaMind 閱讀吧！輸入以下網址到 ChatGPT，並打開 TinaMind 並點擊〔閱讀頁面〕如圖 9-8。

https://openai.com/chatgpt/

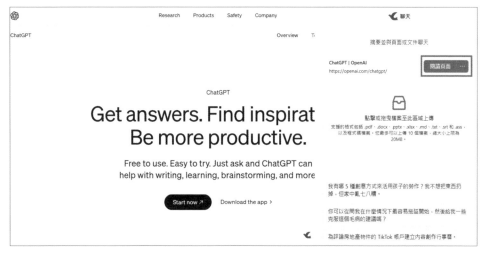

圖 9-8　使用 TinaMind 來閱讀 ChatGPT 頁面

接著可以看到 TinaMind 的回覆，如圖 9-9：

摘要

ChatGPT 是 OpenAI 開發的強大 AI 聊天機器人，提供免費和付費兩種方案，讓使用者可以透過文字或語音與 AI 互動。ChatGPT 擅長寫作、學習、發想，以及解決各種問題，例如寫信、規劃行程、撰寫程式碼等等。

ChatGPT 的免費方案提供 GPT-4o mini 版本，可以協助使用者寫作、解決問題等，但功能有限，例如無法使用 GPT-4o、資料分析、檔案上傳、視覺辨識、網頁瀏覽和自訂 GPTs。付費方案 ChatGPT Plus 則可以解鎖更多功能，例如使用 GPT-4 和 GPT-4o，提升訊息傳送量，並使用資料分析、檔案上傳、視覺辨識、網頁瀏覽、DALL·E 影像生成和自訂 GPTs 等功能。

除了聊天機器人，OpenAI 也提供研究、產品、安全和公司資訊等資訊。在研究方面，OpenAI 推出 GPT-4、GPT-4o mini、DALL·E 3 和 Sora 等技術，並持續在 AI 領域進行研究和發展。OpenAI 也提供企業版的 ChatGPT API，讓企業可以將 AI 技術整合到自己的產品和服務中。在安全方面，OpenAI 致力於打造安全可靠的 AI 技術，並制定安全標準和系統來確保 AI 的安全性。最後，OpenAI 也有提供公司資訊，例如關於 OpenAI 的使命、新聞、團隊、職涯等資訊。

繼續對話

圖 9-9　TinaMind的回覆

TinaMind 這項應用筆者認為很好用，作為網頁整理摘要的助手它非常稱職，除此之外它也可以做到許多事情，例如新增技能、設定提示詞、文字轉語音（TTS）、圖片光學文字辨識（OCR）等。不過因為篇幅原因，所以這些內容就交給各位自己去探索啦！這些功能操作簡單易上手，所以希望各位可以實際下載 TinaMind 來試用看看喔。

9.3　第二十七招：與 ChatGPT 對話術

到目前為止，我們和 ChatGPT 以及許多 AI 應用都打過不少交道了，不過不知道各位是否有打字很慢或者容易手殘打錯字的困擾。心想如果可以和朋友聊天一樣用語音講話給 ChatGPT 聽就好了。

別急，現在介紹的外掛就是可以滿足各位的需求，這個應用和上個小節一樣需要從 Chrome 線上應用程式商店下載，網址如下：

https://chromewebstore.google.com/

接著搜尋〔Voice Control for ChatGPT×Mia AI〕就可以找到應用的主要頁面如圖 9-10，但如果找不到這個的話也可以輸入以下落落長的網址。**請注意，因版本更新速度快，所以可能搜尋到之後頁面長的不太一樣。**

https://chromewebstore.google.com/detail/voice-control-for-chatgpt/eollffkcakegifhacjnlnegohfdlidhn

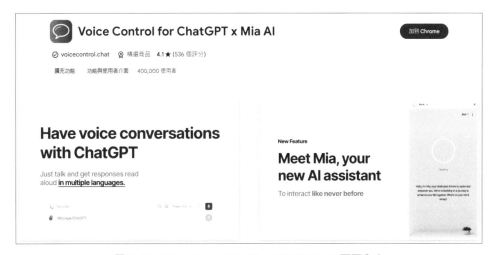

圖 9-10　Voice Control for ChatGPT×Mia AI 頁面內容

也是一樣按下右上角的〔加到 Chrome〕按鈕。以及如圖 9-11 點擊〔新增擴充功能〕。

圖 9-11　新增擴充功能

按下之後就會跳到各位的 ChatGPT 頁面，並跳出一個通知（圖 9-12），大意是說：語音控制可讓各位與 ChatGPT 用語音交談，還整合了 Mia AI，讓你可以完整享受和一個助理對話的體驗。

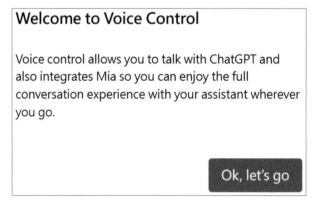

圖 9-12　擴充功能通知

以及告訴你可以直接用講的和 ChatGPT 對話，如圖 9-13。

圖 9-13　擴充功能教學 1

以及認識 Mia 這個語音 AI 夥伴，如圖 9-14。

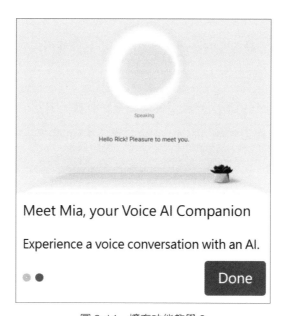

圖 9-14　擴充功能教學 2

接著我們可以調整讀取語言為〔中文（台灣）〕，然後按下最右邊的麥克風圖示就可以以語音輸入到 ChatGPT 中了，如圖 9-15。

圖 9-15　語音輸入擴充的新增功能

接著，它就會開始聆聽使用者說的話（請記得開麥克風）。

圖 9-16　聆聽使用者說話

講完之後就可以按下最右邊的箭頭送出對話了！其餘使用方式都沒有差異，唯一改變的就是語音輸入而已。

接著左邊有一個 Talk to Mia，點擊之後會開啟新分頁如圖 9-17，接著按下〔Click here to start〕就可以正式啟用 Mia，它會如圖 9-18 和你打招呼。

圖 9-17　Mia 分頁

Click here to talk

喔喔，等等！你好啊！在我們開始之前，你可以通過在手機應用中找到這個聊天並點擊耳機來啟動語音。教學影片 那麼，我該怎麼稱呼你這邊這位超棒的人類呢？.

圖 9-18　Mia 打招呼頁面

只需要按下〔Click here to talk〕就可以以語音輸入你想講的話，接著和 Mia 繼續交談，畫面上顯示的是 Mia 講的話，而實際上它會透過耳機或者喇叭等將這段文字以語音撥放給使用者聽。

各位也可以調整語言為英文，和 Mia 進行一場一對一的英文對話練習喔！到這邊就是語音串接 ChatGPT 的教學了，這項應用我個人也相當喜歡，各位有機會的話也請務必嘗試看看！

9.4　第二十八招：YouTube 影片摘要術

在前面 8.2.4 章節中我分享了要如何透過 YouTube 連結去生成簡報內容，不過有時候看完影片後只想單純以文字對話或者簡單的統整摘要，所以在這邊我想向各位分享一個不錯的 AI 工具給各位試試看，那就是 Monica 影片摘要工具。

只需要進入以下網址：

https://monica.im/features/youtube-summary-with-chatgpt

之後就會看到 Monica 的頁面，如圖 9-19。

圖 9-19　Monica 主頁面

在中間貼上 YouTube 網址後點擊右邊〔總結即可〕，在這邊我使用的影片是 OpenAI 官方 YouTube 頻道中的其中一部影片，標題為「OpenAI DevDay: Keynote Recap」各位有興趣可以去看看，此影片的連結為：

https://www.youtube.com/watch?v=h02ti0Bl6zk

我們將這個連結丟到 Monica 中，並請它總結影片，如圖 9-20。

圖 9-20　請 Monica 總結影片

接著它會總結整部影片，以及提供 CC 字幕的逐字稿，就像圖 9-21 內容的結果。

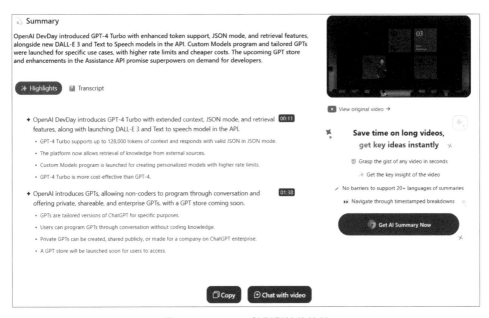

圖 9-21　Monica 針對影片的總結

不過筆者嘗試後發現 Monica 總結的結果時常是英文的，不知道是不是程式的小錯誤還是其他原因造成的。即使設定好中文後輸出都仍然是英文的輸出，總之希望未來可以修正。

 筆者悄悄話

目前 YouTube 影片讀取內容大多都是讀取 CC 字幕的內容，所以影片若沒有 CC 字幕的話則會上傳失敗，請各位使用者要注意一下。

上傳失敗會跳出以下錯誤資訊：此網頁**無法為沒有字幕**的影片生成摘要。請安裝 Monica 擴充功能，然後打開影片連結後重試。

9.5 第二十九招：網路時事追蹤術

掌握最新的時事資訊對於許多職場人士來說至關重要。這一節，我們將學習如何使用 ChatGPT 進行網路時事追蹤，讓各位隨時掌握最新動態。只需要安裝一個新的外掛就好了。

要使用這個應用通常最主要的原因是因為 ChatGPT 有時無法追蹤到最新時事，這通常是因為 ChatGPT 是使用以往網路上所有資料進行訓練而成的，所以對於最新的時事可能就不會在它訓練的過程中被學習到。所以要讓 ChatGPT 獲得上網查資料的功能就需要安裝擴充套件。

例如筆者向 ChatGPT 詢問 2024 年巴黎奧運羽球比賽冠軍，ChatGPT 就一頭霧水了，如圖 9-22 所示的一樣（在撰寫這章節時奧運已經比完了，再次向辛苦的運動員們致意）。

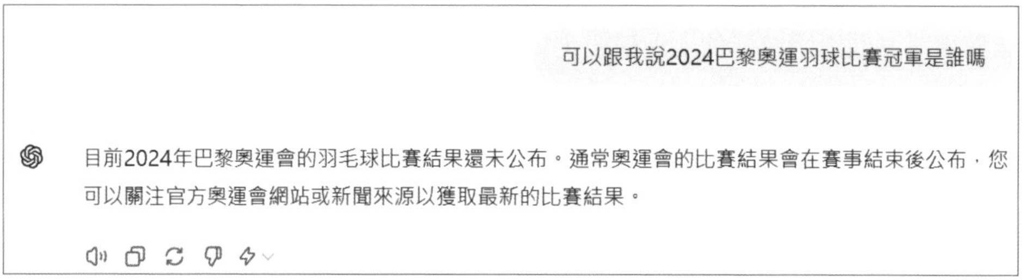

> 可以跟我說2024巴黎奧運羽球比賽冠軍是誰嗎
>
> 目前2024年巴黎奧運會的羽毛球比賽結果還未公布。通常奧運會的比賽結果會在賽事結束後公布，您可以關注官方奧運會網站或新聞來源以獲取最新的比賽結果。

圖 9-22　ChatGPT 無法透過網路掌握最新時事

這個應用一樣需要從 Chrome 線上應用程式商店下載，網址如下：

https://chromewebstore.google.com/

接著搜尋〔WebChatGPT〕基本上就可以找到應用的主要頁面（圖 9-23），這個應用的全名是：「WebChatGPT: ChatGPT 具備互聯網訪問功能」，但如果找不到這個的話也可以輸入以下落落長的網址。請注意，因版本更迭速度快，所以可能搜尋到之後頁面長的不太一樣。

https://chromewebstore.google.com/detail/webchatgpt-chatgpt-%E5%85%B7
%E5%82%99%E4%BA%92%E8%81%AF%E7%B6%B2%E8%A8%AA/lpfemeio
odjbpieminkklglpmhlngfcn?hl=zh-TW

圖 9-23　WebChatGPT 商店頁面

按下〔加到 Chrome〕，以及〔新增擴充功能〕，如圖 9-24。

圖 9-24　新增 WebChatGPT 功能

新增擴充功能後，就會直接跳到 ChatGPT 頁面中並向我們展示擴充的新功能，如圖 9-25。

圖 9-25　新增 WebChatGPT 功能後的 ChatGPT 主頁面

可以看到這裡新增了很多的**提示詞（Prompt）**可以給使用者選擇，這些提示詞可以幫助使用者的 ChatGPT 更快速的理解自己扮演的角色並使 ChatGPT 回答更符合這些角色的回覆內容。不過這並不是重點，各位有興趣的話可以實際動手操作看看！

我們要來看看 ChatGPT 有沒有辦法上網查資料，一樣我們來搜尋 2024 巴黎奧運比賽的結果吧！我輸入：請跟我說 2024 巴黎奧運羽球比賽的比賽結果。

就可以看到它的回覆，如下圖 9-26，它查詢了幾個網頁並從中統整出摘要與結果，除此之外也會把參考到的網頁資訊以超連結的方式附錄於對話中，讓使用者可以知道這些資料的來源。

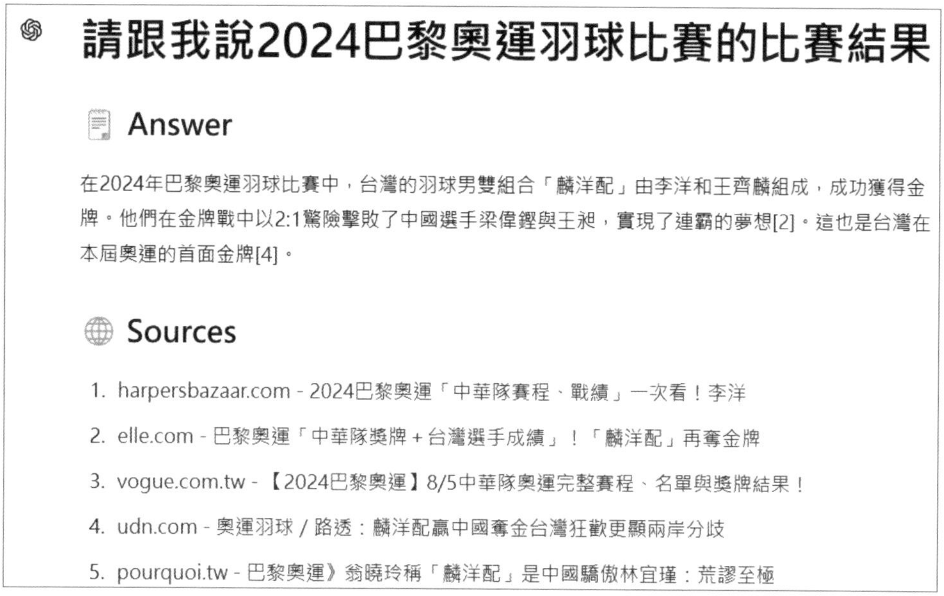

請跟我說2024巴黎奧運羽球比賽的比賽結果

📄 Answer

在2024年巴黎奧運羽球比賽中，台灣的羽球男雙組合「麟洋配」由李洋和王齊麟組成，成功獲得金牌。他們在金牌戰中以2:1驚險擊敗了中國選手梁偉鏗與王昶，實現了連霸的夢想[2]。這也是台灣在本屆奧運的首面金牌[4]。

🌐 Sources

1. harpersbazaar.com - 2024巴黎奧運「中華隊賽程、戰績」一次看！李洋
2. elle.com - 巴黎奧運「中華隊獎牌＋台灣選手成績」！「麟洋配」再奪金牌
3. vogue.com.tw - 【2024巴黎奧運】8/5中華隊奧運完整賽程、名單與獎牌結果！
4. udn.com - 奧運羽球／路透：麟洋配贏中國奪金台灣狂歡更顯兩岸分歧
5. pourquoi.tw - 巴黎奧運》翁曉玲稱「麟洋配」是中國驕傲林宜瑾：荒謬至極

圖 9-26　ChatGPT查詢網路資料後的回答

以上就是 WebChatGPT 查詢網頁並回覆使用者的一個範例了，一樣因為篇幅關係，這項 AI 應用也有許多功能可以讓使用者體驗看看，各位若有興趣的話歡迎再去探索看看 WebChatGPT 的其他功能喔！

✒️ **筆者悄悄話**

在本書尚未面世時，ChatGPT4 與 ChatGPT 4o 似乎就變成主要的模型了，這兩個模型通常都具備搜尋網頁並獲取摘要的功能，不過若沒有購買完整版可能只能使用 ChatGPT 4o mini，此模型就不具備與網路互動的功能了，若有購買完整版的話基本上就不必安裝此外掛。

不過若想讓 ChatGPT 給各位完整網頁搜尋的過程，並提供參考網站的話，也是可以安裝此外掛。

9.6 第三十招：履歷（CV）生成術

寫一份出色的履歷是求職成功的關鍵之一。但對於許多人來說，如何寫出一份既專業又有吸引力的履歷是一個難題（之前為了推甄我就重寫了三次 TT）。為了使各位少走一些彎路，我將介紹如何使用 kickresume 來生成履歷，讓各位的求職之路更加順利。

首先我們進入 kickresume 的頁面：

https://www.kickresume.com/

接著按下圖 9-27 右上角的〔Login〕，登入。

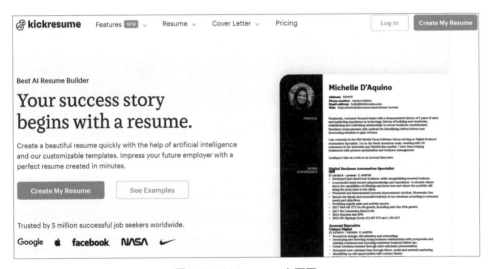

圖 9-27　kickresume 主頁面

登入一樣可以選擇註冊帳號或者直接使用 Google、LinkedIn 或 FB 帳號等登入，登入頁面如圖 9-28 所示。

圖 9-28　kickresume 登入頁面

登入後就會看到建立頁面，在這裡可以建立履歷、網站等各種專業個人化的東西，在圖 9-29 右方按下〔Create New〕。

圖 9-29　kickresume 建立新檔頁面

就可以建立履歷，請點擊圖 9-30 中的〔Resume〕。

圖 9-30　kickresume 建立履歷

接著，你可以在圖 9-31 中選擇喜歡的模板。

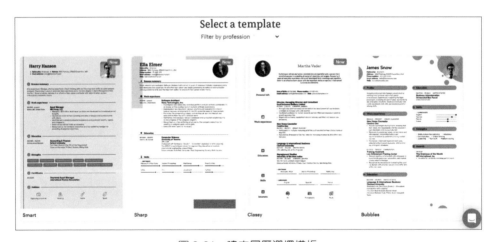

圖 9-31　建立履歷選擇模板

接著照著圖 9-32 中 kickresume 網頁的要求填入所有資訊即可，填入資訊時會將此資訊同步顯示在右方預覽頁面。

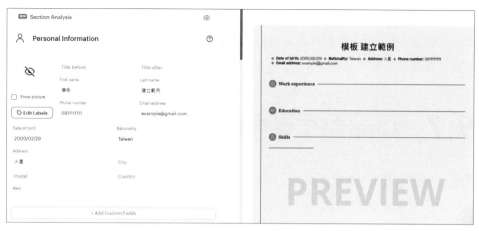

圖 9-32　填寫履歷內容

填寫完畢後，可以在圖 9-33 左邊按下〔Download & Share〕下載履歷檔案或者分享履歷給別人檢查等。

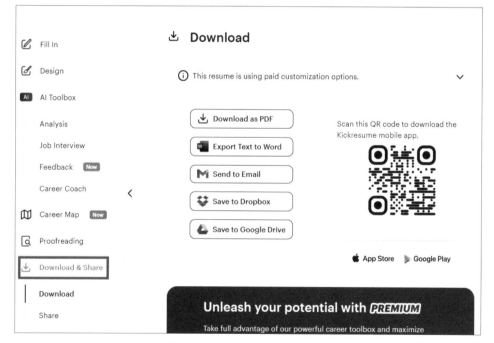

圖 9-33　下載以及分享履歷內容

使用這個工具生成的履歷品質相當不錯，各位若有求職需求或者需要實習需求的話，使用 kickresume 我覺得可以建立出相當漂亮的履歷，希望各位在求職路上可以一路順利！

9.7 ChatGPT 還有甚麼應用？

到此本書分享的 30 招就結束了，不知道各位在這當中有沒有學習到甚麼有用的內容，因為篇幅關係所以有更多內容無法分享給各位，只能以短短的文字讓各位知道這些應用，若各位有興趣的話也歡迎進一步關注和實作，相信一定會對各位的工作有許多幫助。

- **協助撰寫程式碼**：本書偏向給辦公室職場的人們閱讀，但從 VBA 中各位可以知道 ChatGPT 在撰寫程式碼的強大之處。若各位在工作中或者其他應用中需要寫其他程式例如 Python、C 語言、R 語言、Java 等，也都可以使用 ChatGPT 協助撰寫。

- **學術研究**：目前有許多 AI 應用能夠針對學術論文的 PDF 檔案進行閱讀、分析，讓各位在學術研究的路上能少走一點彎路。

- **資料比較**：使用者也可以將不同試算表或者表格等資料，同時上傳到 ChatGPT 中並請它針對這些資料進行比較，以及回傳完整的比較結果，這對於一些需要大量比較的工作（或在選擇困難時）很有幫助。

- **項目管理**：ChatGPT 也可以協助規劃和跟進項目進度，確保工作都有按時完成。

- **自動會議記錄**：ChatGPT 可以幫助各位整理會議重點和記錄，省去各位手動記錄的麻煩。可以將錄音檔案生成逐字稿（可以使用 Google Cloud Speech-to-Text、IBM Watson Speech to Text 等各種工具）再將逐字稿交給 ChatGPT 讓它生成會議紀錄。

● **客戶滿意度調查**：或許在客戶反饋信箱中有時會出現許多回饋，ChatGPT 可以透過這些回饋去思考客戶的心情，並統整之後提供有效的建議給使用者。

ChatGPT 的用途真的太多太多了，看似根本説不完 XD 而且隨著科技進步這些工具的功能也會有飛快的發展速度，在此希望各位可以隨時隨地關心這些工具未來的走向。也希望各位可以妥善應用 AI 工具，讓人類與 AI 可以進行完美的協作，進一步發揮出自身最大的工作價值。

Note

AI 工具背後
的原理介紹

CHAPTER 10　ChatGPT 等大型語言模型
　　　　　　　的背後原理

在實作了許多應用後，可能會有很多人好奇 ChatGPT 是如何產生這些應用的？背後該不會是真人團隊在回覆吧？別急，不可能有真人回覆可以同時應付這麼多用戶、並且又快又準的回覆，還可以 24 小時待命的啦！那機器到底是怎麼擁有這個和人類對話的能力呢？在本篇中筆者會用盡量淺顯易懂的方式來介紹這些大模型的背後原理，希望可以讓讀者在沒有數學跟人工智慧學術領域的專業知識下也能理解這些模型在幹嘛。

在第十章筆者會簡潔的分享以下知識：

- 人工智慧領域目前大致的子領域分類
- 機器學習與深度學習等人工智慧領域的發展
- 大型語言模型的發展過程
- Transformer、GPT 模型的介紹
- GPT 模型的訓練方式

ChatGPT 等大型語言模型的背後原理

> ### 現在就來看看 ChatGPT 背後葫蘆裡賣的是甚麼藥吧！

在實作了許多 ChatGPT 的應用之後，不知道各位對於這個語言模型是否有更深的認識呢？不知道各位是否會好奇這背後到底是甚麼神奇的力量在影響，可以讓電腦彷彿真人一樣給各位很多意見以及知識，還可以根據需求來調整回答的方式等。若各位很好奇的話不妨看看這個章節，來好好認識一下 ChatGPT 的背後原理吧！

這章節中筆者會盡量避免掉數學公式的介紹，因為要達成這麼複雜的任務，背後的數學原理推導一定是相當複雜的（牽涉到機率、統計、微積分、線性代數、優化理論、數值分析、資訊理論以及圖論等，想想就頭痛 TT），若各位對數學有興趣的話，歡迎參考這章節末尾的參考資料，筆者會把一些相關論文放到那裡給各位參考！

學 | 習 | 目 | 標

這章節會簡單介紹 ChatGPT 是怎麼發展到今日這般如此強大的地步的，當然對於背後原理沒興趣，只想享受 ChatGPT 帶來的多彩多姿的種種的話，可以跳過這章節不看喔！這章節只會分享一個重點：

▶ 總結 ChatGPT 目前背後的技術原理，以及發展歷史。

10.1 機器學習與深度學習技術簡介

以前常常聽到人們說著人工智慧（Artificial Intelligence, AI）怎樣怎樣的，在科幻片也常常會看到人工智慧技術，對人們帶來了怎樣的躍進或者災難。雖然時至今日 AI 已經無所不在，不過在 AI 領域的一大突破主要是依賴於**機器學習技術**的崛起。

早期的機器學習模型主要依賴於手工設計的特徵和簡單的統計方法，以及一些數學模型與演算法，可以將輸入的數據映射對應到輸出的結果，這可以用來進行依些簡單的預測、分類、計算等應用。而隨著計算能力的提升和大數據的普及，這個領域迎來了**深度學習技術**的革命。

至於**強化學習**這個又和機器學習與深度學習不太一樣了，接下來我會簡單解釋強化學習與深度學習的技術差別在哪裡。

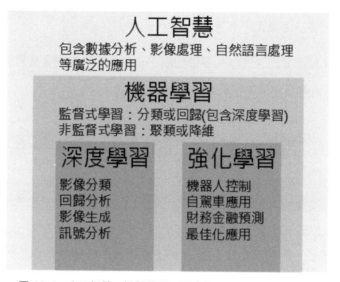

圖 10-1　人工智慧、機器學習、深度學習和強化學習關係圖

● **深度學習**：目前深度學習最常見的就是可以被用於分類資料與回歸分析，這兩個任務都算是**監督式學習**，也就是像「**考試**」一樣要閱讀題目給的條件並求解出正確答案，所以要訓練好監督式學習的話，必須要**準備很多資料來給要訓練的模型**進行「刷題」練習。

而**非監督式學習**相反，這不需要有正確答案，與「**研究分析**」一項課題很類似，在**沒有正確答案**的情況下模型只能根據資料的分布狀況來分析、求出一個比較令人滿意的答案。目前深度學習技術的主流都是用在監督式學習上，也就是將正確答案和輸入資料都給模型，只為了訓練出一個精準度與效能高的好模型，與現今學生的學習方式非常相似 XD。

- **強化學習**：接著強化學習是在**沒有資料**的情況下，透過不斷試錯來收集資料並評估這些資料的所造成的結果好壞，在一個**獎勵條件的函數下**可以判斷當前的試驗是好是壞，藉此不斷的學習。這項技術跟「**發明**」東西也很類似，總是要在大量錯誤的情況下一點一滴的進步，最後才能找出能讓世界進步的重大發明！

- **深度強化學習**：這是一項將深度學習和強化學習技術合併起來的新技術，能夠讓訓練的模型能夠更好的訓練出理想結果，也可以依據深度學習強大的性能來判斷出下一步該怎麼走。

目前 GPT 3.5 就是基於深度強化學習訓練出來的，不過背後還牽涉到很多東西，接下來就繼續來看看深度學習的演化吧！

10.2 深度學習技術簡述

深度學習主要就像是讓訓練的模型扮演一個學生，首先會先給它閱讀很多資料並練習解題，在對答案的過程中讓模型知道自己錯在哪，或對在哪。接著不斷訓練後就訓練完成了，訓練完成後就要去參加考試，此時會看到以往所沒看過的題目，根據這些考試題目的回答情況可以分成幾個情況。

1. **練習時正確率高，考試時正確率高**：這代表各位訓練模型的「教育方式」很成功，模型在考試中名列前茅，恭喜各位（灑花）！

2. **練習時正確率高，考試時正確率低**：這代表各位訓練模型時可能逼模型花費**太長的時間訓練**，導致模型將這些結果全部都**死背**下來。後果就是在考試中無法活用，造成正確率低。

3. **練習時正確率低，考試時正確率低**：這代表各位訓練模型的「教育方式」出了一些大問題，導致模型訓練時就訓練不好，此時基本上考試的結果也一定很差，此時就需要各位換個方式訓練模型，或者檢討一下訓練方式了。

看得出來訓練模型和教導學生似乎真的有一些相似之處 XD。話說回來，隨著深度學習慢慢演化，這個時期有一些基礎的發展與需要特別注意，包含以下幾點：

- **多層感知機（Multilayer Perceptron, MLP）的發明**：這是目前最古老最傳統的深度學習模型，它將每個節點密集連接，並且將輸入經過大量的節點計算，最終得出成果來。節點就是圖 10-2 中的圈圈部分，每個節點都會包含一個簡單的線性函數，會將所有輸入相加並經過線性函數計算輸出，這個函數的參數可以被訓練更新。

  線型函數通常都為 y=ax+b，y 是輸出的正確答案；x 為輸入資料；a 和 b 都是可以被訓練的「參數」。有時輸出後會再經過一層非線性的函數輸出，用以更準確的求解。

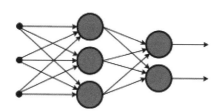

圖 10-2　多層感知機的架構 [1]

- **反向傳播演算法的使用**：這是一種演算法用於求解當前模型的「梯度」，主要是根據模型預測的答案和真實答案透過誤差函數計算的「誤差」來對每個節點進行偏微分求導數，提供模型優化的「方向和數值」。

一下梯度一下偏微分，可能大家頭都痛了。我來簡單的讓各位看看，深度學習模型訓練大致步驟和我們在學生時代考試的流程差在哪？請看圖 10-3，訓練的流程主要有一些步驟。

1. 輸入資料，這就是準備好輸入資料給模型答題；對考生來說就是買參考書來準備 K 書刷題。

2. 這些輸入資料會輸入到模型中，並輸出模型答案；對考生來說就是閱讀題目並寫出答案。

3. 計算誤差，這就是透過誤差函數來計算模型答案和真實答案之間的誤差；也對
   應到考生對答案並看看有沒有寫錯答案。

4. 反向傳播，這裡主要是透過誤差對於模型每個節點的偏導數求出梯度；對考生
   來說就是檢討造成答案寫錯的原因是出在**哪步解題環節**上。因為梯度是一個向
   量，具有方向性與大小，所以可以提供模型優化方向；對應到考生就是可以知
   道題目錯的原因，以及**訂正的方向跟修改的方式**。

5. 更新模型，深度學習中會使用一個「**優化器**」來為模型進行更新，優化器有非
   常多種，每種都提供了不同的優化的計算方式；對應到考生就是訂正過後學習
   到新的知識，此時各位考生的考試能力也獲得了更新與提升，恭喜各位！

6. 不斷循環這個過程直到模型訓練完畢；考生學習完畢。接著就可以去參加考
   試了！

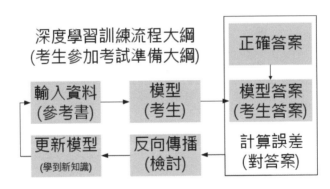

圖 10-3　深度學習訓練流程

10.3　深度學習技術發展

在有了多層感知機（MLP）後，深度學習逐漸發展出更多模型來，這些模型都是
基於一些傳統的計算方式，並提供可訓練的參數來讓這些模型變得可以訓練、優
化，在這時期有了許多經典且重要的演算法，包含：

1. **卷積神經網路（Convolutional Neural Network, CNN）**：在一些訊號處理相關的數學計算會有卷積（或稱折積，Convolution）的概念，這些卷積主要依賴一個卷積核，並將輸入資料和這個卷積核進行卷積計算並得出結果。

   與完全連接的 MLP 不同，CNN 它的訓練節點只對有限區域的資料作出計算，並不會將所有資料都一起同步計算，這使得 CNN 的訓練速度比 MLP 快，且面對影像或者訊號等資料也有更好的表現。

   除此之外，池化層也是被發明用於搭配卷積神經網路的其中一個網路模型層，它可以將輸入進行縮小，讓後續的訓練不會那麼繁重，不過使用池化層容易造成訓練資訊遺失。

2. **循環神經網路（Recurrent Neural Network, RNN）**：它是一種專門用於處理序列數據的神經網絡架構，RNN 能夠處理時間序列數據或任何具有序列結構的數據，如文字、語音、天氣狀態或股市變化等。這是因為它們具有**內部狀態**，可以**記憶**先前的輸入資訊。記憶方式也就是網路的隱藏層在每一步都有一個「記憶」，這使得每個時間步的輸出都受到先前時間步的影響。由圖 10-4 可以知道同一個 RNN 節點**會循環**接受一個時序資料的輸入並獲得該時間步的狀態，並在後續輸出。

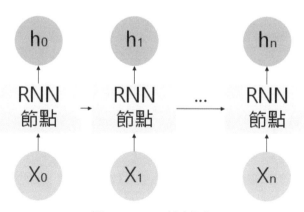

圖 10-4　RNN 基本概念

除此之外 RNN 在後面也有發展出長短期記憶網絡（LSTM）和門控循環單元
（GRU），不過這並不是這篇章的重點就不過多著墨了，若有興趣可以自行查
詢網路資料，一定一查一大堆，不用擔心找不到 XD。

3. **Transformer**：這個模型由 Google 提出，名稱與變形金剛一樣，目前比較常
見的翻譯是「變換器模型」，不過筆者還是習慣稱呼它為 Transformer。那具體
Transformer 厲害在哪呢？它有一些特點待會下個章節會繼續介紹。

4. **GPT 模型與多模態模型（Multimodal Models）**：最後就是 GPT 與多模態模
型了，這就是當今主流的 ChatGPT 模型的原型了，一樣在後面的章節會繼續
介紹！

10.4 自然語言處理技術的發展

自然語言處理（Natural Language Processing, NLP），這項技術著重在使電腦能
夠理解和生成人類在使用的**自然語言**，這一領域經歷了幾個重要的發展階段：

1. **早期傳統方法**：最早的 NLP 系統主要依賴於語法規則和詞典來進行文本分
析。例如，使用語法樹來解析句子的結構。這些系統依賴於專家手工設計的規
則，難以擴展到複雜的語言模式。

2. **機器學習的應用**：隨著機器學習技術的引入，NLP 開始轉向基於統計的
方法，如隱馬爾可夫模型（Hidden Markov Model, HMM）和條件隨機場
（Conditional Random Field, CRF）。這些方法透過從大規模語言資料中學習
這些資訊的**機率分佈**，來進行文本的標註和文本序列的標識等。

3. **深度學習網路的突破**：深度學習技術如卷積神經網絡（CNN）和循環神經網
絡（RNN）開始廣泛應用於 NLP 任務，顯著提升了**文本分類**、**情感分析**等任
務的性能。這些模型能夠自動學習特徵並捕捉複雜的語言模式，可以參考章節
10.2 關於深度學習的介紹，看看它們是怎麼訓練與學習的。

4. **Transformer 模型的提出**：Transformer 也是一種深度學習的模型，它透過自注意力機制，能夠有效捕捉序列中**長距離的依賴關係**，並且具有更好的並行計算能力。

長距離依賴關係打個比方，例如今天閱讀一篇文章或漫畫，在開頭介紹了一點東西（埋藏伏筆），在很後面又將伏筆回收或者接續開頭繼續深入介紹的話，此時會因為中間篇幅過長而導致這兩個部分形成長距離的依賴關係。而 RNN 等架構在處理長距離的依賴關係中存在許多缺點，而 Transformer 的出現正解決了這些問題。

另外**自注意力機制**為一種架構，在自注意力機制中，每個序列元素（例如文章裡一個句子中的每個詞）都可以與序列中的所有其他元素建立關聯，也就是句子中的詞會和其他詞產生關連。就是透過**計算每個詞與其他詞之間的相似度**來完成。這樣整個模型可根據這些**相似度**來求出其他詞的資訊，所以就可以捕捉到**整個資料的上下文訊息**。這種方法增強了 Transformer 模型在處理長距離依賴關係時的能力，讓效能大幅提升！

另外 Transformer 模型中的結構相比 MLP、CNN 等架構複雜許多，每個 Transformer 層由兩個主要組件組成：**多頭自注意力機制**（就是並行運行多個自注意力機制的設計）和**前饋的神經網路**。透過堆疊多個這樣的架構，Transformer 可以在不同的層面上捕捉文字等序列資料中的模式。

Transformer 分為編碼器與解碼器，前者專注於理解語意，後者專注於生成結果。

5. **Generative Pre-trained Transformer**（**GPT**）**模型**：Transformer 在發展出來後，為 GPT 模型奠定了一個基礎，GPT 模型基於 Transformer 的解碼器部分，專注於生成文字。

10.5　GPT 模型的訓練方式簡述

前面提到的 GPT 的全名，Generative Pre-trained Transformer，這些字詞分別代表甚麼意思呢？

- **Generative**：就是生成的意思，代表 GPT 模型會專注於生成文字。
- **Pre-trained**：預訓練的，代表 GPT 有先進行一個基本的訓練，用以生成句子，之後才訓練生成我們習慣的文字，後面會介紹。
- **Transformer**：就是基於 Transformer 模型 XD 前面有介紹 Transformer 模型了，可以回去章節 10.4 看看。

這些模型因為訓練的參數量非常龐大，也受過非常大量資料的訓練，所以也被稱作**大型語言模型**（Large Language Model, LLM），其顧名思義就是用於生成與處理人類自然語言的大模型。接下來就來簡單介紹 GPT 模型的訓練方式吧！

🔷 預訓練階段（Pre-training）

這時期訓練出來的模型（GPT1 / GPT2 / GPT3）的訓練目的都是讓模型學會理解語言的結構和語義。在這個階段，GPT 模型在一個大型文本資料庫上進行訓練，該資料庫包含了來自網路上的各種文本數據，包含維基百科、網頁資料、電子書籍等。這個階段也會訓練生成文字，不過生成出來的文字會不符合我們人類習慣的樣子。

GPT 採用了自回歸語言模型的方式進行訓練。具體來説模型會在給定文字序列的前 n 個詞的基礎上，預測序列中的第 n+1 個字詞。這意味著模型的每個輸出僅依賴於之前的詞，而**不是完整的上下文**。實際案例如下，例如給定的文字序列為：「今天」，那 GPT 的輸出步驟就是：

第一次輸出：有可能是「天」，也有可能是別的。

第二次輸出：如果下一個字是「天」的話，文字序列就變成「今天天」。接著預測的下一個字就有可能是「氣」，變成「今天天氣」。

如此循環輸出，直到句子結束。

這段訓練算是無監督學習，不需要有正確答案，只要可以生成連貫的句子即可，所以有時候會生成出牛鬼蛇神的句子。

◆ 微調階段（**Fine-tuning**）

在微調階段，預訓練好的 GPT3 模型會針對特定的下游任務進行調整，如問答、翻譯、摘要生成等。這一過程需要使用**標記數據**來微調模型，使其在特定任務上表現更好。而且因為模型在預訓練階段已經學到了大量的語言知識，因此在微調階段，只需要較少的標記數據就能達到良好的性能。也就是 GPT3 已經會講話了，只需要稍加引導讓它知道甚麼時候該說甚麼就好了！

同時這階段訓練也會透過人類的「教師」來給予反饋，協助 GPT3 進行訓練，讓GPT3 的輸出結果可以更符合人類的需求，這裡訓練就是依靠**人類回饋的強化學習**（Reinforcement Learning from Human Feedback, RLHF）來進行訓練，所以每次訓練過後都會有人類告知這段生成文字的品質如何，GPT 會再依據這些回應逐步學習出能讓人類滿意的句子。強化學習的部分可以參考章節 10.1 的基本介紹。除此之外，研究人員也會讓 ChatGPT 學習到不能回答被禁止的內容或敏感內容，以提升 ChatGPT 的使用安全性以及避免法律問題和道德問題。

此外，人類回饋的強化學習是一種透過人類提供的回饋來優化模型的方法。這種技術特別適合於需要**生成符合人類期望**的高品質輸出的場景，如對話系統、內容生成和決策制定等都會用到。

經過重重訓練與考驗，最終訓練出來的模型就是 GPT3.5 模型，也就是最早發布的 ChatGPT 版本了！

10.6　多模態模型簡述

多模態模型（Multimodal Models），簡單來說就是指能夠處理和理解來自多種不同模態（如文本、圖片、聲音訊號、影片等）數據的深度學習模型。這些模型能夠將來自不同模態的資訊進行融合和處理，以實現更豐富、更準確的理解和生成能力。最有名的例子就是 GPT-4 模型了，我們可以丟圖片、試算表、網頁資訊等給它讓它產生回應。

多模態模型的架構通常由**多個小的神經網路**組成，每個小的神經網路專門處理一種模態數據。這些小的神經網路可以是卷積神經網絡（CNN）用於處理圖像，循環神經網絡（RNN）或 Transformer 用於處理文本，或者專門的網路結構來處理其他模態如聲音訊號和影片，或是各種五花八門的模型等都可以使用。就像玩 Minecraft 一樣可以建立很多小的紅石機關來打造出強大的紅石機關；或是組裝樂高，可以根據喜好加入不同架構組合出獨一無二的樂高一樣 XD。

在這些小的神經網路之後，模型會有一個融合層，用來整合來自不同模態的特徵。這個融合層可能是簡單的加權平均，也可能是更複雜的多層感知器（MLP）或注意力機制。不過，目前具體的 GPT4 模型架構以及訓練的細節我們還不得而知，期待後續 GPT-4 開發團隊等可以公開訓練細節！

10.7　GPT 的未來展望

隨著計算資源的增強和數據量的增加，LLM 和 GPT 的發展仍在不斷演化。未來，這些模型將在語言理解以及生成一定都會進步到超乎我們想像的地步，也隨著多模態模型的成熟，之後應該就能處理更多類型的輸入了，也希望能夠為人機交互帶來更多可能性！

10.8 參考資料與原始論文延伸閱讀

[1] " 多層感知器 ." [Online]. Available: https://zh.wikipedia.org/zh-tw/ 多层感知器

[2] A.Radford andK.Narasimhan, "Improving Language Understanding by Generative Pre-Training," 2018. [Online]. Available: https://api.semanticscholar.org/CorpusID:49313245

[3] A.Radford, J.Wu, R.Child, D.Luan, D.Amodei, andI.Sutskever, "Language Models are Unsupervised Multitask Learners," 2019. [Online]. Available: https://api.semanticscholar.org/CorpusID:160025533

[4] L.Ouyang et al., "Training language models to follow instructions with human feedback," Mar.2022, doi: arXiv:2203.02155.

[5] T. B.Brown et al., "Language Models are Few-Shot Learners," May2020, [Online]. Available: http://arxiv.org/abs/2005.14165

[6] Y.Liu et al., "Summary of ChatGPT-Related Research and Perspective Towards the Future of Large Language Models," Apr.2023, doi: 10.1016/j.metrad.2023.100017.

[7] OpenAI et al., "GPT-4 Technical Report," Mar.2023, [Online]. Available: http://arxiv.org/abs/2303.08774

[8] "how-does-chat-gpt-work." [Online]. Available: https://atriainnovation.com/en/blog/how-does-chat-gpt-work/

[9] A.Vaswani et al., "Attention Is All You Need," Jun.2017, [Online]. Available: http://arxiv.org/abs/1706.03762

Note

ChatGPT 介面設定 與進階應用

> 看到這裡代表你或許很喜歡 ChatGPT，或者是對它有很大的興趣
> 喔。希望你看完這個附錄可以真正和 ChatGPT 變成好友！

A-1　新增個人化設定

若需要新增個人化設定，可以點擊右上角大頭貼並點擊〔自訂 GPT〕，如圖 A-1。

　　　　⭐　我的方案

　　　　👥　我的 GPT

　　　　📓　自訂 ChatGPT

　　　　⚙️　設定

　　　　➡　登出

圖 A-1　自定義 ChatGPT

接著就會進入如圖 A-2 的介面，此時即可設定希望 ChatGPT 了解哪些關於使用
者的資訊，以便 ChatGPT 提供較好的回應，讓 ChatGPT 可以更像你的知心朋友
一般回覆你。以及使用者希望 ChatGPT 如何回應，這裡就是直接告訴 ChatGPT
回覆方式要如何，例如輕鬆一點、嚴肅一點等等的指令。

圖 A-2　自訂 ChatGPT 指令以及回覆方式

完成後，儲存即可。

A-2　保存 ChatGPT 對話

若想保存與 ChatGPT 的對話並儲存成 PDF 檔案的話可以使用 SAVE ChatGPT 進行儲存，只需要在 Chrome 線上應用程式商店：

https://chromewebstore.google.com/

接著搜尋 SAVE ChatGPT 即可，如圖 A-3，若沒找到的話也可以輸入以下網址搜尋。請注意，因版本更迭速度快，所以可能搜尋到之後頁面長的不太一樣。

https://chromewebstore.google.com/detail/chatgpt-chat-save/bgkkpfkeoadobimmbgpmkkmahcajlkia

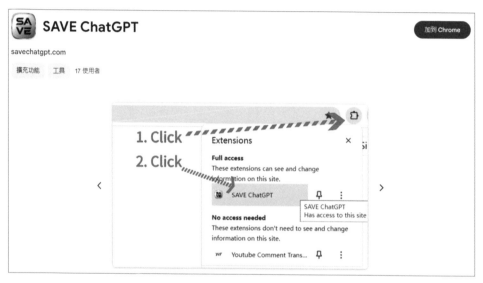

圖 A-3　Save ChatGPT 商店頁面

接著點擊右上角的〔加到 Chrome〕並點擊圖 A-4 中的〔新增擴充功能〕。

圖 A-4　新增擴充功能

具體應用的話，我們只需要打開 ChatGPT 要儲存的對話框，然後依照圖 A-5 中以及以下說明的順序點擊就好了。

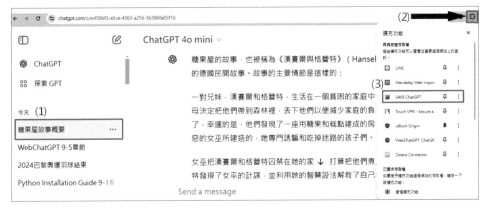

圖 A-5　儲存 ChatGPT 對話框

(1) 點擊要儲存的對話紀錄。

(2) 點擊右上角拼圖標誌打開 Chrome 擴充功能。

(3) 點選 SAVE ChatGPT。

就可以看到儲存的格式了（圖 A-6），可以選擇儲存成 txt 檔案、PDF 檔案、Markdown(.md) 檔案等，看各位需求可以將這些對話都保存下來，用於後續參考喔。

圖 A-6　儲存 ChatGPT 對話格式

A-3　使用新型的搜尋引擎：SearchGPT

在 2024 年 7 月底，Open AI 提出了 SearchGPT，這項技術預計可以取代 Google 瀏覽器，成為世界上最常用的搜尋引擎，不過在撰寫本書的當下還尚未開放給所有使用者使用，需要慢慢排隊。

以下為 SearchGPT 的網址：

https://openai.com/index/searchgpt-prototype/

未來或許各位看到這段文字時就已經可以使用 SearchGPT 了，希望到時 SearchGPT 能夠幫助各位更有效率的上網查資料。

July 25, 2024

SearchGPT Prototype

We're testing SearchGPT, a temporary prototype of new AI search features that give you fast and timely answers with clear and relevant sources.

Join waitlist ↗

圖 A-7　目前 SearchGPT 需要排隊

若還在排隊的話可以點擊圖 A-7 中〔Join waitlist〕排隊，靜待通知，希望可以趕快體驗到這個應用。

A-4 使用新型的推理模型：OpenAI o1

就在 2024 年 9 月 12 號，OpenAI 發布了全新的模型：OpenAI o1，詳細發布頁面於底下的網址可以查看，目前針對這個模型的介紹與使用方式等還相當的少，筆者也是在更新後嘗試了一些應用，若各位讀者有購買完整版的話也可以去體驗看看喔。

https://openai.com/index/introducing-openai-o1-preview/

購買完整版後，才可以看到在模型選擇的部分中多了幾個模型，如圖 A-8。接著就可以使用看看這個模型，筆者目前使用起來體感跟 GPT 4o 差不多，但不同的是模型會將思考過程顯示出來，看起來挺有趣的。

圖 A-8　OpenAI o1 相關模型在付費後即可解鎖使用

接著就來問個腦筋急轉彎吧，我隨便找了一個題目：【有一個年輕人，他要過一條河去辦事，但是，這條河沒有船也沒有橋。於是他便在上午游泳過河，只一個小時的時間他便遊到了對岸，當天下午，河水的寬度以及流速都沒有變，更重要的是他的游泳速度也沒有變，可是他竟用了兩個半小時才遊到河對岸，你覺得是為什麼？】接著可以看到 OpenAI o1 preview 正在思考，思考的過程如圖 A-9。

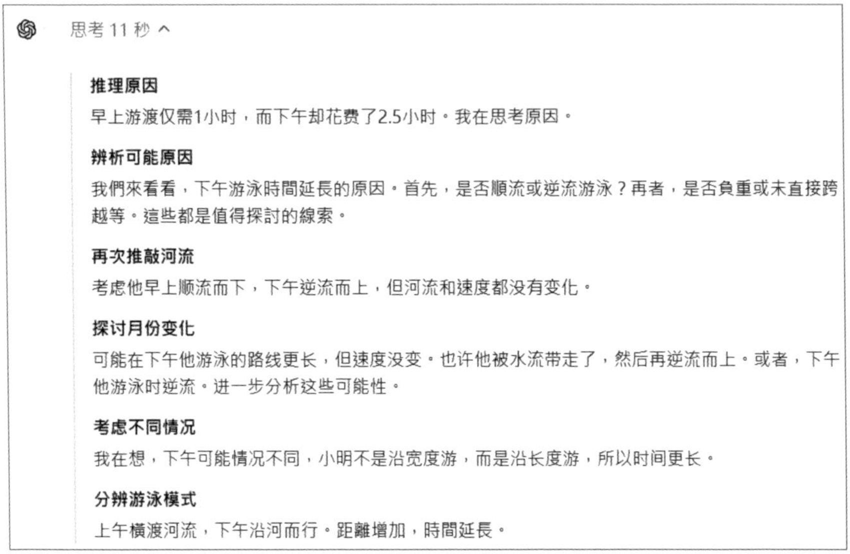
思考 11 秒 ^

推理原因

早上游渡仅需1小时，而下午却花费了2.5小时。我在思考原因。

辨析可能原因

我們來看看，下午游泳時間延長的原因。首先，是否順流或逆流游泳？再者，是否負重或未直接跨越等。這些都是值得探討的線索。

再次推敲河流

考虑他早上顺流而下，下午逆流而上，但河流和速度都没有变化。

探讨月份变化

可能在下午他游泳的路线更长，但速度没变。也许他被水流带走了，然后再逆流而上。或者，下午他游泳时逆流。进一步分析这些可能性。

考虑不同情况

我在想，下午可能情况不同，小明不是沿宽度游，而是沿长度游，所以时间更长。

分辨游泳模式

上午横渡河流，下午沿河而行。距離增加，時間延長。

圖 A-9　OpenAI o1 相關模型的推理過程

最後它就會將自身思考過後的推理結果告訴我們，雖然有時不一定是正確謎底，以此例來說，正確答案是【兩個半小時就是一個小時】。但在推理初期可以看到它將兩個半小時認成了 2.5 小時，所以目前針對中文的「文字遊戲」可能還沒辦法表現得很好，畢竟連我們使用中文的人有時也會被耍得團團轉。

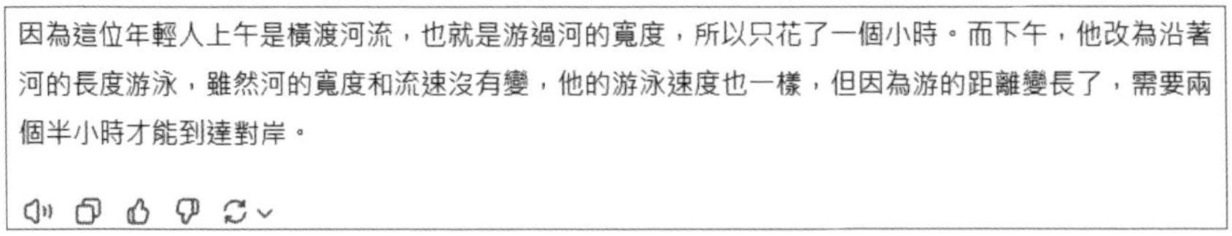
因為這位年輕人上午是橫渡河流，也就是游過河的寬度，所以只花了一個小時。而下午，他改為沿著河的長度游泳，雖然河的寬度和流速沒有變，他的游泳速度也一樣，但因為游的距離變長了，需要兩個半小時才能到達對岸。

圖 A-10　OpenAI o1 相關模型的推理結果

於是我新增了一些內文給它提示看看 XD。

有一個年輕人，他要過一條河去辦事，但是，這條河沒有
船也沒有橋。於是他便在上午游泳過河，只一個小時的時
間他便遊到了對岸，當天下午，河水的寬度以及流速都沒
有變，更重要的是他的游泳速度也沒有變，可是他竟用了
兩個半小時才遊到河對岸，你覺得是為什麼(請注意中文詞
語的文字遊戲以及雙關)，請用繁體中文解釋給我聽?

圖 A-11　給 OpenAI o1 一些提示

在思考過程中它還是想太多了，如圖 A-12。但讓我驚訝的是它竟然有想到正確
答案，如圖 A-13，但後來綜觀了整個局面後還是給出了不對的結果，但確實可
以發現，它的部分推理是正確的！真的讓我感到很驚訝 [1]。

思考 53 秒 ∧

分析故事细节
这段描述了一个年轻人需要渡河，第一次用一小时，第二次却花了两个半小时。这让我开始思考其
中的时间变动和潜在的原因。

联想与探讨
年轻人午后花费更长时间的原因需要结合汉语的双关和双重意义词汇。比如，"兩個半小時"可联想
到"两小时三十分"。

考慮中文詞語的文字遊戲或雙關可能會有所幫助。這樣的方法能讓我們揭示隱含的意義或趣味。

发掘词汇需
你在想"兩個半小時"是不是"兩個伴小時"的别解，这让我想到"兩個半小時"可能是指"兩個半小時"。

思考下午的可能性
我正在想下午的情境，太阳下山，逆光游泳。不太符合。"游泳"可以读作"遊泳"或"遊用"，甚至
是"遊到"读作"遊盗"，意思是"对岸有盗贼"。这有点勉强。

中文中"下午"可以读作"下雨"，但这无法解释时间差异。或许他在下午喝醉了？

подчеркнуть** ∘ **

圖 A-12　給了提示後 OpenAI o1 相關模型的推理過程，可以看到它思考到一
半卡住了，還不時輕聲地以俄語推論（錯頻了）XD

1　筆者嘗試過推理過程無法設定成繁體中文，只有回答可以。因此，推理過程目前還有簡
　　體或者英文。筆者猜想可能是因為模型剛發布，且還沒有針對此部分更新修正的緣故。

理解词义

这里提到"遊泳"与"游泳"的发音相似，但含义不同。可能"遊"意味着玩耍或旅行，而不是直接游泳。

考慮變化

早上他游過河，下午游過「和」，這是一種語言遊戲，可能意味著晚上的游泳重新前進或經過「合」的游泳。這將如何影響他的游泳時間呢？

深入探讨

我在思考不同的泳姿和水流方向如何影响游泳所耗费的时间。虽然流速和游泳速度没有变化，但水流方向的变化可能会影响游泳所需时间的长短。

探索不同意義

這段文字探索了"他竟用了兩個半小時才到遊到河對岸"可能的不同解釋，包括他沿河前進、在河對岸飲水，或兩岸的遊戲。

考慮不同可能性

解码午后的旅程

我在思考午后潮流之旅时，发现他可能在下午悠闲地散步或者携带两个半尽可能渡过河流。这让我意识到他可能在午后步行，携带两个半孩子过河，拖慢了速度。

考慮不同組合

我正在研究"兩個伴小時"，這可能意味着"一下午有两个伴侣"或"上午和下午各两小时"。也可能是"两次半小时"。

圖 A-13　OpenAI o1 思考過程中竟然有想到正確結果，已經無限接近正解了！

不過，後來又往其他地方探討了 XD。

深入探索下午活動

正在探討「兩個半小時」這個短語，意外發現「伴」和「半」是同音字，這讓我聯想到他下午可能和兩個小朋友一起游泳。這種可能性看起來頗為合理。

解读文字的声音

哦，這讓我想到，"兩個半小時"可能是"兩個伴小時"的异音。這意味着他下午有两个伴侣陪着，虽然游泳速度没变，但整体上他到达对岸需要更长时间。

解读可能性

我在考虑"兩個半小時"可能是"兩個伴小子"，意指两名伴侣和一名小孩在一起。不过，这需要更多上下文来深入了解。

半和伴 解释了"兩個半小時"这个表达的潜在误读。

探索替代意義

我正在探索替代意義，發現有趣的雙關意義，例如"兩個伴小石"或"兩個半小豬"，但這些解釋似乎有些勉強。

因為下午時，他帶了兩個「伴」一起過河。

「兩個半小時」中的「半」與「伴」同音，可以理解為「兩個伴小時」，表示他有兩個同伴陪著他一起過河。雖然河的寬度、流速和他的游泳速度都沒有變，但因為多了兩個同伴，整體速度變慢，所以花了兩個半小時才到達對岸。

圖 A-14　OpenAI o1 思考過程中又歪掉了，以及後面給出的答案

總而言之，目前這個模型也展現出了不錯的能力，確實讓我蠻驚訝的，在本書出版後 OpenAI o1 相關模型應該功能會變得更加完整，到時候各位讀者就可以去試試看這個好玩的模型了！

根據開發團隊指出，這個模型很適合在科學、數學和類似領域的複雜問題中提出一些相關的推理，幫助使用者進行思考，並舉出了一些例子，若各位有一些疑難雜症需要解決不妨來試試看喔！不過這個模型目前有一些限制，不知道之後會不會放寬，根據開發團隊所述，之後他們也計劃為所有 ChatGPT 免費用戶提供 o1-mini 存取權限。這段話都引用開發團隊的介紹「Introducing OpenAI o1-preview」[2]。

2　https://openai.com/index/introducing-openai-o1-preview/

Note

Note

Note